坝身溢流面板堆石坝的研究与实践

王政平　著

黄河水利出版社
·郑　州·

内 容 提 要

　　本书介绍和分析了溢流面板坝的应用现状、设计难点和风险点,依托云南省文山州德厚河流域白牛厂汇水外排工程菲古水库坝身溢流面板坝工程,对溢流面板坝的力学特性和敏感性进行了计算和分析,对坝身溢流面板坝的受力机制、工作特性和工程措施进行了研究,总结了溢流面板坝的结构设计要点,介绍了菲古水库坝身溢流面板坝的设计和施工情况。

　　本书可作为水利水电工程技术人员参考用书。

图书在版编目(CIP)数据

坝身溢流面板堆石坝的研究与实践/王政平著. —
郑州:黄河水利出版社,2021. 2
ISBN 978 - 7 - 5509 - 2933 - 3

Ⅰ.①坝…　Ⅱ.①王…　Ⅲ.①溢流板–堆石坝–研究
Ⅳ.①TV652. 9

中国版本图书馆 CIP 数据核字(2021)第 036960 号

组稿编辑:陶金志　　电话:0371-66025273　　E-mail:838739632@ qq. com

出　版　社:黄河水利出版社　　　　　　　　　　　　　　网址:www. yrcp. com
　　　　　地址:河南省郑州市顺河路黄委会综合楼 14 层　　邮政编码:450003
发行单位:黄河水利出版社
　　　　　发行部电话:0371-66026940、66020550、66028024、66022620(传真)
　　　　　E-mail:hhslcbs@ 126. com
承印单位:河南新华印刷集团有限公司
开本:787 mm×1 092 mm　1/16
印张:13
字数:300 千字　　　　　　　　　　　　　　　印数:1—1 000
版次:2021 年 2 月第 1 版　　　　　　　　　　印次:2021 年 2 月第 1 次印刷

定价:69. 00 元

前　言

　　混凝土面板堆石坝是一种常见的适应性极好的坝型,具有安全、经济、耐久、实用的特性,对地形、地质和气候条件也有更好的适用性,近年来在世界范围内的水利工程的设计和施工中得到了越来越广泛的使用。坝身溢流面板坝是在面板坝上集成溢洪道,它继承了面板坝优点的同时,更具有简化枢纽布置、节省工程造价等一系列优势,但由于坝身溢流面板坝中大坝与溢洪道相互作用,受力更复杂,技术难度更大而限制了其推广和应用。

　　国内外已建的坝身溢流面板坝运用情况良好,表明坝身溢流面板坝在技术上具有可行性,这给了我们不断探索的信心。

　　本书依托云南省文山州德厚河流域白牛厂汇水外排工程菲古水库坝身溢流面板坝,以该坝设计关注的主要技术问题为导向,介绍了溢流面板坝的结构特点、风险点和技术难点;对大坝的施工过程和主要运行工况进行数值仿真,分析了面板坝的变形及应力状态,研究了筑坝材料和填筑标准的合理性和科学性;分析了结构缝张压特性和变形量;分析坝身溢流结构的应力和变形特点,对坝体及坝身溢流道结构设计提出了优化建议;分析坝体变形对材料参数的敏感性,对坝身溢流面板坝的受力机制、工作特性和工程措施进行了研究。本书还总结了溢流面板坝结构设计与工艺要点,介绍了菲古水库溢流面板坝的实践情况,为溢流面板坝的设计和优化提供参考和指导。

　　目前,菲古水库已成功下闸蓄水,坝体和溢洪道变形观测数据与计算数据变化规律一致,总体吻合良好。这表明研究成果具有较高的可信度,也表明虽然坝身溢流面板坝的大坝与溢洪道相互作用,受力更复杂,技术难度更大,国内可借鉴案例和经验极少,但只要借助合适的手段,通过计算分析和研究,揭示其内部作用机制,并在此基础上精心设计,科学施工,那么溢流面板坝的安全性是可以得到保证的。

　　本书对坝身溢流面板坝进行了初步计算和分析,只获得了静力情况下的应力变形特点及设计方法,后续还可结合大坝观测情况进一步研究坝体的应力和变形特性,对筑坝材料和填筑标准进行试验研究,对泄槽流激振动及对大坝的影响、施工期大坝快速沉降和中高坝坝顶溢洪道适应性等问题进行深入研究。

　　随着科技的进步和发展,试验手段和分析工具不断改进,可更好地揭示坝身溢流面板坝的工作机制,明确结构的受力情况,从而大大减少了工程设计中的不确定性因素,增强了人们对溢流面板坝的信心,为溢流面板坝设计提供了强有力的技术支持和保障。另外,随着现代施工机械的发展,机械碾压已经可以将大坝堆石体碾压得非常均匀而密实,减少坝体变形量,加速施工沉降,大大缩短施工工期,为溢流面板坝的建设创造了更好的条件。

　　随着人们对溢流面板坝研究的不断积累,许多难题将被攻克,许多风险将被化解,许多技术将被运用,坝身溢流面板坝这一经济的坝工结构将得到推广,甚至有望在中高坝、大单宽流量中运用,实现巨大的经济效益和社会效益。

　　在此感谢中水珠江规划勘测有限公司湛杰、李晓旭、贾东远、董伟和唐尧等对本书的支持和帮助。本书还参考了大量文献,谨向这些文献的作者表示衷心的感谢!

　　由于编者水平有限,书中疏漏之处在所难免,敬请读者批评指正。

作　者

2020 年 12 月于广州

目　录

前　言
第1章　绪　论 ……………………………………………………………… (1)
　1.1　研究背景和研究的必要性 ……………………………………… (1)
　1.2　研究的主要内容 ………………………………………………… (1)
　1.3　研究的依据 ……………………………………………………… (2)
　1.4　研究的技术路线 ………………………………………………… (3)
第2章　溢流面板坝的特点与现状及应用 …………………………… (4)
　2.1　面板堆石坝的主要构造、特点与发展 ………………………… (4)
　2.2　溢流面板坝的特点与现状 ……………………………………… (8)
　2.3　溢流面板坝的应用场景 ……………………………………… (11)
　2.4　溢流面板坝的应用与现状 …………………………………… (11)
第3章　溢流面板坝的力学特性研究 ……………………………… (19)
　3.1　概　述 ………………………………………………………… (19)
　3.2　研究背景 ……………………………………………………… (20)
　3.3　研究方法与原理 ……………………………………………… (31)
　3.4　数学模型 ……………………………………………………… (40)
　3.5　大坝的变形 …………………………………………………… (50)
　3.6　大坝的应力情况 ……………………………………………… (65)
　3.7　小　结 ………………………………………………………… (76)
第4章　溢流面板坝的敏感性因素 ………………………………… (79)
　4.1　概　述 ………………………………………………………… (79)
　4.2　敏感性分析方法 ……………………………………………… (79)
　4.3　对堆石体 E-B 模型参数的敏感性分析 …………………… (81)
　4.4　对增模区敏感性 ……………………………………………… (83)
　4.5　小　结 ………………………………………………………… (91)
第5章　溢流面板坝结构设计与工艺 ……………………………… (92)
　5.1　概　述 ………………………………………………………… (92)
　5.2　与普通面板堆石坝对比 ……………………………………… (92)
　5.3　总体布置 ……………………………………………………… (93)
　5.4　应力变形控制 ………………………………………………… (95)
　5.5　抗滑稳定控制 ………………………………………………… (98)
　5.6　抗冲、气蚀控制 …………………………………………… (103)
　5.7　防　渗 ……………………………………………………… (103)

5.8　施工工艺 ……………………………………………………（104）

第6章　菲古水库坝身溢流面板坝实践 …………………………（106）

6.1　概　述 ………………………………………………………（106）

6.2　基本资料 ……………………………………………………（106）

6.3　工程等级和标准 ……………………………………………（109）

6.4　大坝轴线选择 ………………………………………………（110）

6.5　坝型选择 ……………………………………………………（110）

6.6　枢纽布置选择 ………………………………………………（122）

6.7　拦河大坝 ……………………………………………………（123）

6.8　泄水建筑物 …………………………………………………（133）

6.9　施工工艺 ……………………………………………………（142）

6.10　工程安全监测 ………………………………………………（143）

6.11　大坝建设形象 ………………………………………………（148）

6.12　小　结 ………………………………………………………（153）

第7章　结论与展望 ………………………………………………（154）

7.1　结　论 ………………………………………………………（154）

7.2　展　望 ………………………………………………………（154）

参考文献 …………………………………………………………（156）

第 1 章 绪 论

1.1 研究背景和研究的必要性

混凝土面板堆石坝是一种常见的坝型,具有安全、经济、耐久、实用等特性,对地形、地质和气候条件有很好的适用性。近年来,混凝土面板堆石坝在全球得到了越来越广泛的使用。坝身溢流面板堆石坝(简称溢流面板坝)是在面板堆石坝上集成溢洪道,既有挡水功能,又有泄水功能,它继承了面板坝优点的同时,更具有简化枢纽布置、节省工程造价等一系列优势,但由于溢流面板坝的面板坝与溢洪道相互作用和相互影响,受力更复杂,技术难度更大,且国内外对溢流面板坝的研究还不成熟,因此该坝工结构的推广和应用受到了限制。如福建芹山大坝、万安溪大坝在工程设计时都优选了坝身溢流方案,但均因为缺少相关工程经验和研究,最终放弃了坝身溢流方案,而采用了昂贵的岸坡溢洪方案,大大增加了工程投入,延长了工期。

有些工程受地形地质条件或节约工程投资的制约,需要采用坝身溢流面板坝方案,如云南省文山州德厚河流域白牛厂汇水外排工程菲古水库大坝,在方案设计比选后推荐采用坝身溢流面板坝,经审查,与独立岸坡式溢洪道相比,可节省直接投资 1 100 万元。

面板堆石坝的设计主要为经验设计,依赖于相关国家规范的参考和类似工程类比;对坝身溢流面板堆石坝,目前还没有针对性的规范可参考,国内可参考的工程案例极少。普通面板坝的应力变形和结构缝张压特性已经十分复杂。与普通面板坝相比,溢流面板坝受力情况更复杂。一方面,面板坝变形会对溢洪道结构产生次生应力和次生变形。另一方面,溢洪道结构一般采用混凝土结构,加剧了坝体不均性,从而加剧了坝体差异性变形,影响面板的受力状态;溢洪道泄洪时,水流会对泄槽产生激振,影响泄槽和大坝的稳定。大坝和溢洪道结构之间的变形特性和作用机制还不够明确,而这恰恰是工程设计的前提和基础。因此,为保证溢流面板坝设计的安全性、可靠性和科学性,十分有必要对这一坝工结构进行系统深入的研究,为工程设计提供必要的依据。

1.2 研究的主要内容

(1)对坝身溢流的相关文献进行了广泛的收集和大量的阅读,对相关工程经验、技术、教训和研究成果进行了系统认真的学习、消化、分析和总结;对国内最高的坝身溢流面板坝——浙江桐柏下库大坝进行调研,到大坝的运行管理单位国网新源华东桐柏抽水蓄能发电有限责任公司了解大坝运行情况,到大坝设计单位华东勘测设计研究院调研大坝设计过程、设计方法及相关技术问题;研究溢流面板坝现状,了解、研究和总结了溢流面板坝的结构特点、风险点和技术难点。

（2）对地基三维渗流原理和地基的流固耦合原理进行深入研究,并通过数值方法和程序改进,实现渗流与地基土的相互作用。

（3）对接触算法和相关参数进行了深入研究,并进行适当改进,增加固联失效判据。带固联失效模式的罚函数法接触算法,可以考虑法向大刚度的挤压和切向的静、动摩擦,可更好地反映面板与垫层、溢洪道与垫层之间的滑动、挤压和分离行为,为工程的接触分析提供条件。

（4）依托菲古水库坝身溢流坝设计项目,建立"面板堆石坝—溢洪道—河谷地基"三维有限元数值模型,对大坝的施工过程和主要运行工况进行数值仿真,对坝身溢流面板坝的受力机制、工作特性和工程措施进行研究,为溢流面板坝的设计和施工提供支撑:

①计算和分析面板在各工况下的变形及应力状态。

②根据坝体变形量,研究筑坝材料和填筑标准的合理性与科学性。

③分析坝身溢流结构的应力和变形。

④计算张性缝、压性缝的范围,张性缝、压性缝的张压量,分析止水对张性缝、压性缝的适应性。

⑤对坝体及坝身溢流道结构设计提出优化建议。

⑥通过敏感性分析,研究坝体和溢洪道结构变形对筑坝材料和主要参数的敏感性。

（5）基于研究成果,总结了溢流面板坝的结构设计和工艺要点,为后续类似坝工设计和优化提供参考和指导。

（6）介绍菲古水库坝身溢流面板坝的实践情况。

1.3　研究的依据

（1）《防洪标准》（GB 50201—2014）。

（2）《工程测量规范》（GB 50026—2007）。

（3）《工程建设标准强制性条文》（水利工程部分）2016 版。

（4）《混凝土坝安全监测技术规范》（SL 601—2013）。

（5）《混凝土结构设计规范》（GB 50010—2010）。

（6）《混凝土面板堆石坝设计规范》（SL 228—2013）。

（7）《混凝土重力坝设计规范》（SL 319—2018）。

（8）《碾压混凝土坝设计规范》（SL 314—2018）。

（9）《碾压式土石坝设计规范》（SL 274—2001）。

（10）《水电水利工程设计工程量计算规定》（SL 328—2005）。

（11）《水工混凝土结构设计规范》（SL 191—2008）。

（12）《水工建筑物荷载设计规范》（SL 744—2016）。

（13）《水工建筑物抗震设计规范》（SL 203—1997）。

（14）《水利水电工程等级划分及洪水标准》（SL 252—2017）。

（15）《土石坝安全监测技术规范》（SL 551—2012）。

（16）《溢洪道设计规范》（SL 253—2018）。

（17）《云南省文山州德厚河流域白牛厂汇水外排工程初步设计报告》（2017.04）。

1.4 研究的技术路线

根据研究的目标和内容,确定研究技术路线,见图 1-1。

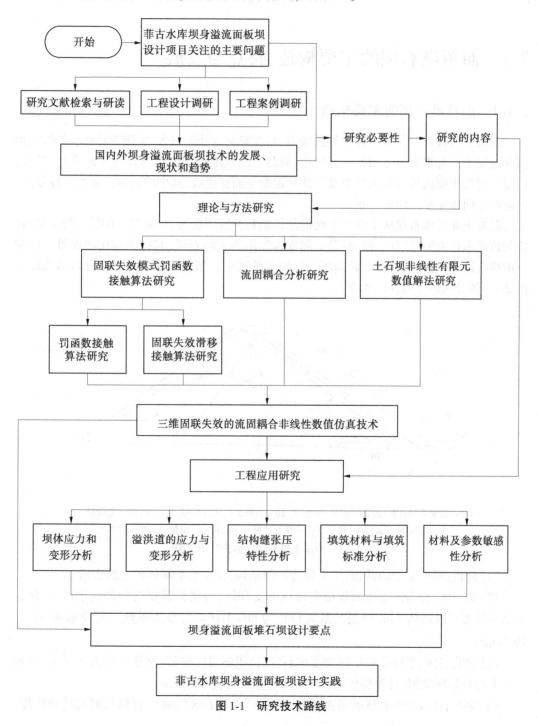

图 1-1 研究技术路线

第2章 溢流面板坝的特点与现状及应用

2.1 面板堆石坝的主要构造、特点与发展

2.1.1 面板堆石坝的主要构造

混凝土面板堆石坝是一种常见的坝型,具有安全、经济、耐久、实用等特性,对地形、地质和气候条件有很好的适用性。近年来,混凝土面板堆石坝在全球得到了越来越广泛的使用。混凝土面板堆石坝主要由堆石体和混凝土面板组成,其中堆石体主要起支撑作用,而混凝土面板主要起防渗作用。

混凝土面板堆石坝从上游到下游的坝体填料分区依次为:起防渗作用的混凝土面板、均匀传递水压力的垫层区、过渡层区、起支撑作用的主堆石区、起保护作用的次堆石区和下游堆石区,有的还需要在上游面板处增加上游铺盖。基岩上堆石坝坝体分区示意图见图2-1。各分区的主要作用如下:

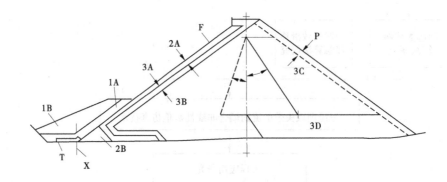

1A—上游铺盖区;1B—盖重区;2A—垫层区;2B—特殊垫层区;3A—过渡层区;3B—上游堆石区;
3C—下游堆石区;3D—排水区;P—块石护坡;F—面板;T—趾板;X—趾板基准线

图2-1 岩基上堆石坝坝体分区示意图

(1)面板:厚度渐变的薄板,主要作为防渗结构,位于整个坝体的上游表面。

(2)垫层区:作为混凝土面板最先接触的支撑体,垫层料需要均匀传递水压力,该部分水平厚度可以达到4 m,垫层的最大粒径为80~100 mm,渗透系数一般要求为10^{-4}~10^{-3} cm/s。

(3)过渡层区:连接了垫层区和主堆石区,位于垫层区底部,厚度一般为3~4 m,在这一点上与垫层区类似,过渡层区的最大粒径一般不超过300 mm。

(4)主堆石区:是堆石体的最主要组成部分,主堆石区除要求材料具有高抗剪强度、

低压缩性、能够自由排水外,还要求整个主堆石区的材料最大粒径不能大于 80 cm,不均匀系数不能小于 10。

(5)次堆石区:位于主堆石区和下游堆石区之间,主要作用为保护主堆石区,该部分可以选取较大粒径的材料,如较大的建筑废弃物等。

(6)下游堆石区:主要作用为保护次堆石区的稳定,该部分的大块石粒径可高达 150 cm。

2.1.2　面板堆石坝的特点

混凝土面板堆石坝具有工程量小、材料较易取得、安全性好、可简化导流、施工方便、工期短、造价低等优点,已引起国内外坝工界的普遍重视,其设计方法和施工技术日臻完善,是一种极有前途和具有很强竞争力的坝型,已为许多工程优先选用。由于混凝土面板堆石坝同各种土坝、碾压堆石坝、砌石坝等坝型相比,具有安全性、经济性、实用性等特点,因而在国内外广泛采用,并且得到迅速发展。

2.1.2.1　安全性

1. 良好的抗滑稳定性

从面板堆石坝的结构上来分析,坝体堆石全在面板下游,水荷载作用于面板,整个堆石体重量及面板上部水重均在抵抗因水荷载作用所引起的水平推力。水荷载的水平推力大致为堆石体及部分水重的 1/7,而水荷载的合力在坝轴线以上传到地基中,有利于坝稳定。另外,分层碾压而具有较高的密实度,从而提高了其抗剪性,具有良好的透水性,而坝体不受渗透力的影响。从内摩擦角考虑,堆石体的坝坡一般缓于 1:1.3 或 1:1.4,坡角小于 37.6°或 35.5°,大致为松散抛石的休止角,大大低于碾压堆石的内摩擦角。基于上述原因,面板堆石坝具有良好的抗滑稳定性。

2. 良好的抗渗稳定性

由于堆石体是非冲蚀材料,在有渗透水流通过时,不会因细颗粒被带走而发生类似的管涌等渗透破坏问题,因此不存在渗透稳定问题。特别是碾压堆石,本身密实度高,粗粒组成的骨架比较稳定,其细粒含量远不能填满粗粒间的孔隙,即使有游离的细粒被带走或在粗粒内有移动的现象,也不会影响骨架的稳定性或因此带来较大的变形。

3. 良好的抗震性

由于面板坝的整个堆石体都是干燥区,因此不会因地震而产生附加的孔隙水压力,而降低堆石抗剪强度和整体稳定性,碾压堆石已达到密实状态,地震只能产生小量的永久变形,面板坝可以承受,在很强的地震作用下,混凝土面板坝可能开裂,而引起渗流量增加,但通过面板裂缝及垫层区的渗流量很容易通过主堆石体排泄,不会威胁到坝的整体稳定性。

4. 坝体沉降很小

由于混凝土面板坝是碾压的高密度堆石体,变形量很小,而且稳定得很快,施工期间可完成绝大部分沉降变形,剩余变形也在蓄水后头 3 年基本完成。因此,沉降不会成为影响坝的稳定性的主要因素。

2.1.2.2 经济性

1. 与混凝土坝比较

在造价方面,堆石体造价涨幅不大,而混凝土价格受原材料影响很大,使两者造价的差距拉大;在施工方面,混凝土面板堆石坝所需施工机械及工艺流程都较混凝土坝简单,而且上坝强度高,施工干扰少,具备快速施工条件,发电工期和总工期都可以较混凝土坝缩短,为提前收益创造有利条件,修建堆石坝主要利用当地材料,可以节省水泥、钢材、木材等外来材料,除降低造价外,受材料供应和运输条件的制约较小,便于快速施工。例如关门山水库,由双曲拱坝改为混凝土面板堆石坝,节省水泥 1 800 t、钢材 500 t、木材 4 000 t,节省投资约 16%,提前工期一年;又如成屏一级水电站,由混凝土重力坝改为混凝土面板堆石坝,造价由 4 769.53 万元降为 1 826.27 万元,节省投资约 61.7%,工期可提前。

2. 与土质心墙堆石坝比较

混凝土面板堆石坝是所有土石坝型中断面最小的一种,坝体填筑量可减少 40%~50%,因而也是最经济的,而且面板坝坝坡陡、底宽小,可相应减小泄水、输水建筑物长度,使枢纽布置更为紧凑。可以利用未完成的部分坝体直接挡水或过水度汛,从而简化施工导流和度汛,并保证坝体施工期的安全。面板堆石坝各个施工工序均可独立进行、互不干扰。土质心墙堆石坝施工受气候条件影响,而面板堆石坝施工为全天候的,因此可提高施工强度和质量,实现快速施工,在提前发电工期和总工期方面占有优势。例如天生桥一级水电站,在初步设计时对土质心墙堆石坝与面板堆石坝方案做比较,面板堆石坝方案可以节省投资 1.5 亿元,并缩短工期 1~1.5 年,被最后选定。

3. 与沥青混凝土面板堆石坝比较

混凝土面板堆石坝断面比沥青混凝土面板堆石坝小,前者上游坡一般为 1:1.3 ~ 1:1.4,后者至少要 1:1.7。前者施工都是通用机具,而后者需专门机具设备,而且施工时的环境条件较差,国产高品位的沥青不多,抗老化性能不及混凝土。因此,在一般情况下,前者在经济和技术上都有一定的优势。西北口水库坝型由沥青面板坝改为混凝土面板坝后,枢纽造价由 3 723.66 万元降至 3 258.16 万元,节省造价 12.5%;柯柯亚坝改变坝型后,造价由 110.3 万元降至 80.4 万元,节省了 27.1%。

2.1.2.3 实用性

混凝土面板堆石坝对坝址地形、地质、气候及各种类型的工程都有较好的适应性。

(1)混凝土面板堆石坝对各种河谷地形都有较强的适应性。它不单对高中坝有优越性,对长而低的坝同样是适合和经济的。

(2)混凝土面板堆石坝对坝址地质条件也能较好适应。混凝土面板堆石坝对坝址地质条件的要求主要是选择合适的趾板线。趾板地基的要求由传统的坚硬的、不冲蚀的、可灌浆的基岩改为强风化的、软弱的、岩溶的基岩,砂砾石覆盖层,残积土等都能适应,只要经过适当处理都可安全运行。

(3)混凝土面板堆石坝对不同坝址气候条件具有较强的适应性。在多雨地区,心墙的挖运和填筑受降雨影响较大,不能全年施工,而面板堆石坝则不受限制。严寒地区面板堆石坝也能适应,已建成的坝在 -45 ℃的气候下也未见有损害和破坏。

(4)混凝土面板堆石坝还特别适应可扩建加高及分期施工。

（5）混凝土面板堆石坝更适应做抽水蓄能电站上、下库坝。

2.1.3　面板堆石坝的发展过程

随着我国水利水电工程建设事业的发展,混凝土面板堆石坝(简称面板坝)现已成为一种很具竞争力的坝型。与各种土坝、碾压堆石坝、混凝土坝、砌石坝等坝型比较,面板坝具有工程量小、安全性好、抗震性好、施工简便、工期短、可充分利用当地材料、简化施工导流、造价低等明显优点,是一种极具发展前途的坝型。

随着科技的不断创新和施工经验的不断积累,混凝土面板堆石坝的设计形式和施工技术得到不断完善,纵观面板堆石坝的发展历程,可以将其概括为以下三个阶段,即早期抛填堆石的初期阶段(1850~1940 年)、由抛填堆石向碾压堆石的过渡阶段(20 世纪中期)和现代面板堆石坝(1965 年以后)。

2.1.3.1　初期阶段(1850~1940 年)

堆石坝最早出现在 19 世纪 50 年代的美国。这时期的堆石坝与采矿和淘金业的崛起有很大的关联,在最开始的早期阶段主要使用木板来防渗,随着时代的发展,普通的木板防渗不能满足实际工程建设的需要,人们越来越希望使用防渗性能好的混凝土代替木板防渗功能。自 19 世纪 20 年代开始的 20 年间,人们建成了越来越多的面板堆石坝,并且随着年代的推进、科技的创新、施工工艺的发展和施工经验的积累,大批的高度在 80~100 m 的混凝土坝屡见不鲜。坝体越建越高,然而面板堆石坝出现的渗漏问题随之而来,人们发现面板的裂缝集中在面板底部 1/3 部位,且集中发生在高于 85 m 的面板堆石坝之中。渗漏问题的出现引起了人们的高度重视。

在 1940 年以后,人们又发现反滤层黏土心墙抛填堆石坝具备很好的柔韧性,这种柔韧性可以适应抛填堆石体的大变形,相比较面板堆石坝而言具有巨大的变形优势,黏土心墙抛填堆石坝的进步使得高抛填堆石面板坝衰落。在 19 世纪 70 年代,黏土心墙抛填堆石坝开始逐步使用分层填筑工艺,同时使用重量级为 10 t 的振动碾对堆石体碾压。

2.1.3.2　过渡阶段(20 世纪中期)

随着时间的推移,科学技术的进步使得混凝土面板堆石坝继续向前发展,这时,人们发现面板堆石坝产生的渗流问题都是由面板底部容易拉裂引起的,而抛填堆石坝在使用中变形较大,这很容易使得后续的蓄水期面板底部失去堆石体的支撑,整个坝工界对混凝土面板堆石坝的实用性产生了怀疑并纷纷提出怀疑点。鉴于此,1940~1950 年整整将近 10 年间,面板堆石坝的发展处于停滞阶段。在 1950 年以后,随着高等土力学、水工试验、水工设备的进步,土料作为防渗体的模型得以验证并投入使用,在这一时期人们发现有反滤层的土质心墙的柔韧性可以弥补抛填堆石的大变形,两者结合可以满足堆石坝的防渗性能要求,高土石坝的占比由不到 1/3 提高到 1/2,采用抛填堆石、高压充实、动载压实的堆石坝平稳运行。

得益于 20 世纪 60 年代经济的高速发展和科技的创新,各种新型的水工设备源源不断出现并投入使用,堆石体的施工过程更加快捷高效,机械化程序化的实际需要使得面板堆石坝的坝体结构更为优化,同一时期新出现的重型振动碾的发明和使用使得堆石体相互错动而达到紧密状态,堆石体的密实度取得了很好的效果,促进了堆石体填筑质量的提升,在这一条件下,面板堆石坝的适用性和安全性已经有了较大的提升,过去不能达到沉降变形要求的石料填筑材料又重新出现在了坝体之中。因此,在这一阶段土石坝的安全性和经济性相比较其他坝型性能出众。

太沙基认真总结堆石体的现状后提出,抛填堆石密实度很低,由于抛填堆石没有压实,骨料分离现象严重,在这种条件下如果继续对抛填堆石使用水枪冲洗,只会使得石料软化失去原有的性质,并不能达到细颗粒充填进入大孔隙的目的。相反地,碾压堆石的压缩性远远小于正常的抛填堆石的压缩性,细颗粒充填进入大孔隙,土体相互错动而达到紧密状态。因此,在修建很高的坝体时为避免土体压实度达不到要求,应该优先采用分层薄层碾压而不是抛填堆石。就这样,在1965年,施工工艺由抛填堆石向碾压堆石的过渡完成了。这一时期的特征是:混凝土面板抛填堆石坝面板底部脱空导致的面板破坏问题引发整个堆石体渗漏问题严重,碾压堆石体开始逐步用于黏土心墙堆石坝。

2.1.3.3　现代阶段(1965年以后)

现在,面板堆石坝采用薄层碾压的新工艺逐步提升了堆石体的整体压实度,加上碾压堆石层高一般不超过2 m且采用重型振动碾压,细颗粒充填进入大孔隙,土体相互错动而达到紧密状态,堆石的压缩性大幅度减小,大大降低了整个坝体的竖直方向沉降量,面板底部的应力状态得到了较大改善,面板破坏产生的渗透问题得以控制,并激发了混凝土面板堆石坝的活力,向着更高的坝型发展。随着碾压施工技术的进步和工艺的不断完善,筑坝堆石的压实度和变形模量得以提高,坝体压实度继续增加,竖直方向的沉降量得到进一步减小,面板的安全性能得到提高。混凝土面板堆石坝和土质心墙堆石坝两种类型的坝共同成为高土石坝的常见坝型。

2.2　溢流面板坝的特点与现状

2.2.1　溢流面板坝的特点

溢流面板坝就是将溢洪道直接布置在面板堆石坝的坝体上的一种坝工结构。溢流面板坝把挡水的面板堆石坝和泄洪的溢洪道集成在一起,既有挡水功能,又有泄洪功能。与普通面板坝相比,溢流面板坝继承了面板坝的优点,同时更具有简化枢纽布置、节省工程造价等一系列优势。

普通面板坝需另设溢洪道,溢洪道开挖土石方质量一般较差,常无法在筑坝中再利用,需要弃渣和堆场,增加了水土破坏面和水土保护工程量,工程投资较大。当枢纽地形山高坡陡,没有合适的隘口修建独立溢洪道或地质条件不利于布置溢洪道时,采用坝身溢流面板堆石坝方案可大大降低工程造价和简化枢纽布置。中、小型工程泄流量不大,独立溢洪道利用率较低,修建坝身溢流面板坝更为经济合理。

坝身溢流道在适应范围、施工周期等方面也存在劣势,与独立溢洪道的优劣势对比见表2-1。

表 2-1　坝身溢流道与独立溢洪道的优劣势对比（一）

优劣势	项目	坝身溢流道	独立溢洪道
优势	占地	少	多
	土石方开挖	少	多
	边坡的治理	无	需要
	地基处理	少	多
	弃渣处理	少	多
	工程造价	较小	较大
劣势	适应单宽泄流量	较小	大
	适应水位差	较小	大
	施工工作面	相互影响	相互独立
	施工周期	长	短
	设计难度	较大	较小
	施工难度	较大	较小

　　总地来看,坝顶溢洪道比常规溢洪道可省工程投资约 30%（见表 2-2）。造价较低的主要原因:一是坝顶溢洪道省去了基础开挖、边坡与基础处理费用。例如,我国福建省芹山和万安溪 2 座面板坝,由于山高坡陡,溢洪道开挖掘料直接上坝的比例较小,高边坡难以处理,溢洪道投资占坝体投资的比重较大,分别达 43.8% 和 39.2%;二是较之常规溢洪道,坝顶溢洪道的陡槽较短,侧墙高度小。可见,坝顶溢洪道节省的费用是相当可观的。

表 2-2　坝身溢流道与独立溢洪道的优劣势对比（二）

工程名称	基本情况	岸坡式溢洪道		坝顶溢洪道		①-② (万元)	节省投资比例 (%)
		孔口尺寸	工程造价 (万元)①	孔口尺寸	工程造价 (万元)②		
万安溪水电站 (1994 年建成)	坝高 92.8 m, 堆石方量 107 万 m³,校核泄量 2 870 m³/s	2 孔 宽 12 m 高 13 m	997	2 孔 宽 10 m 高 10 m	709	288	28.9
芹山水电站 (1999 年建成发电)	坝高 122 m, 堆石方量 226 万 m³,校核泄量 3 315 m³/s	2 孔 宽 12 m 高 13 m	5 195	4 孔 宽 10 m 高 10 m	3 485	1 710	32.9
牛头山水电站 (方案比较)	坝高 128.7 m, 堆石方量 333 万 m³,校核泄量 5 254 m³/s	3 孔 宽 12 m 高 14 m	7 401	6 孔 宽 10 m 高 10 m	5 061	2 340	31.6

溢流面板坝已在国内外的部分工程中得到了应用,并取得了一系列科研和技术成果,但坝身溢流面板坝的溢洪道直接坐落在坝身松散体上,其结构形式、变形敏感性和应力特点远比普通面板坝复杂,对填筑材料和填筑标准要求高,技术难度大,一旦失事,将造成不堪设想的灾难性后果。目前,国内外对该坝工结构的研究较少,这影响了该坝工结构的推广和应用,如福建芹山大坝、万安溪大坝均因为缺少相关工程研究和经验,最终放弃了坝身溢流方案,而采用了昂贵的岸坡溢洪方案,增加了工程投入,延长了工期。

2.2.2 溢流面板坝的主要技术难点

与普通面板坝相比,溢流面板坝继承了面板坝优点的同时,更具有简化枢纽布置、节省工程造价等一系列优势,但由于坝身溢流面板坝中大坝与溢洪道相互作用,受力更复杂、技术难度更大而限制了其推广和应用。

2.2.2.1 风险叠加

当设置独立溢洪道时,大坝与溢洪道分别独立工作,互不影响,即使发生事故,一般也不会同时发生,相对来说,风险容易控制,失事风险较小,而坝顶溢洪道失事比独立溢洪道后果要严重许多。

坝顶溢洪道是把大坝和溢洪道集成在一起,既挡水又泄洪,挡水和泄洪相互影响。溢洪道坐落在坝体上,当坝体沉降或坝体在水压作用下变形时,会引起溢洪道的变位和次生内力;溢洪道泄洪时,泄槽在高速水流的脉动压力作用下振动,影响泄槽自身和坝体的稳定。

2.2.2.2 结构应力和变形分析复杂

坝身溢流的面板坝结构设计复杂,坝体分区多,且结构刚度相差大,溢洪道基础刚度变化大,结构存在接触非线性滑移,体形非规则,筑坝材料特性均为非线性,决定了坝体应力变形和计算求解的复杂性,这也加大了工程设计的难度。

2.2.2.3 坝体变形的控制

溢洪道一般采用混凝土结构,刚度较坝体大许多,因此坝顶溢洪道加剧了坝体的不均匀性。

面板堆石的整体模量较少,易变形,坝体完建后会发生自身变形和外荷压力变形,这种变形会引起坝顶溢洪道结构的次生变形和次生内力。次生变形过大时,可能会超出止水工作范围,破坏止水引起泄漏;次生变形还会引起溢洪结构的次生内力,次生内力过大时,会破坏混凝土结构而发生裂缝,带来危险。因此,对坝身溢流面板坝的变形必须严加控制。

坝身溢流面板坝的变形控制包括溢洪道结构与坝体变形控制、面板与溢洪道结构的不均匀变形控制、溢洪道结构段之间的不均匀变形控制。

坝体变形控制主要是选择合适的填筑材料、填筑标准和合适的工艺,实现快速沉降,并尽量促使坝体的初始沉降在溢洪道施工前完成,减少结构的次生变形。这对施工工艺及施工质量的控制有效性和稳定性提出了很高的要求。

2.2.2.4 泄槽抗滑稳定性

泄槽坐落在由松散体堆填而成的坝体上,抗滑摩擦系数小,坡度大;泄洪时泄槽振动,同时受水流下曳力作用,这些均对泄槽稳定不利,降低了泄槽稳定性。泄槽稳定性控制是坝身溢流设计的难点。

泄槽阻滑措施常有水平锚筋、阻滑板等,但由于锚筋和阻滑板均布置于坝体,而坝体自身也会变形,所以坝体、锚筋、阻滑板和泄槽的受力情况及分配比例十分复杂,锚筋和阻滑板的具体布置及联合作用的效果还有待进一步研究。

2.2.2.5　泄槽的振动和空蚀

泄槽坐落在由松散体堆填而成的坝体上,结构轻薄、质量小,在泄洪水流作用下,容易发生振动;当振动过大时,一方面影响坝坡抗滑稳定和变形,另一方面影响泄槽抗滑稳定,因此,对泄槽的流激振动,须进行必要的分析和控制,以确保工程安全。

泄槽的振动不仅与泄流量有关,还与泄槽结构尺寸、坝体材料、坝体刚度有关,且泄槽的振动与坝体相互作用、相互影响,因此泄槽的振动问题十分复杂。

泄槽振动的控制,经验上常用提高坝体密实度,增设锚杆、水平阻滑板,加大泄槽尺寸等措施来减少泄槽振动和增加泄槽的稳定性。

2.3　溢流面板坝的应用场景

溢流面板坝具有简化枢纽布置、节省工程造价等一系列优点,但与普通面板堆石坝相比,溢流面板坝叠加了 2 个建筑物的风险,技术难度大,这限制了其推广和应用。

根据《混凝土面板堆石坝设计规范》(SL 228—2013),岸边溢洪道布置困难(例如:枢纽地形山高坡陡,没有合适垭口修建独立溢洪道,地质条件不利于布置溢洪道),河床基岩坚硬,泄洪单宽流量不大的中、低混凝土面板堆石坝,经论证,可在坝顶设置溢洪道。

鉴于面板堆石坝碾压比较密实,其变形量在施工期已大部分完成,竣工蓄水运行后剩余变形量小,且在头几年基本稳定,因此,对于 70 m 以下的坝,在岸边溢洪设施难以布置,且河床基岩较好,泄洪流量不大等特定条件下,在坝顶设置正常的或非常的溢洪道是允许的,以便于枢纽整体泄洪布置,并强调要经主管部门审定,以确保安全。

2.4　溢流面板坝的应用与现状

2.4.1　在国外的应用与现状

混凝土面板堆石坝坝身溢流技术首先由澳大利亚塔斯马尼亚水电委员会(HEC)研究完成,并已在几座面板坝工程中付诸实践。如克罗蒂(Crotty)坝,经 1991 年建成以来的运行观测表明,坝体及溢洪道是正常的。目前,此类坝型在我国尚不多见。

国外已有成功的实例参考,早期已建成的混凝土面板堆石坝(CFRD)坝身溢洪道有:澳大利亚的瑞里溪坝(Riley's Greek),坝高 15.2 m,1962 年建成,上游为常规混凝土面板,下游面为了抵抗过流时产生的振动采用了预应力混凝土板泄槽,上、下游坝坡均为1:1.3;美国的 Meeks Cabin 坝,于 1972 年投入运行,坝高 46 m,下游 1:1.25 的坝面上设置了宽 9 m 的混凝土泄槽,泄流量 180 m³/s;法国的 Chamboux 砂砾石面板堆石坝,坝高15 m,最大溢洪水头 18 m,下游面为钢筋混凝土泄槽,底流消能;印度巴土皮西(Batubesi)坝,于 1978 年竣工,自溃式非常溢洪道采用坝身溢洪,最大设计泄量 800 m³/s,单宽泄流

量为 $11 \sim 13 \ \text{m}^3/(\text{s} \cdot \text{m})$。

而从现代堆石碾压技术下坝身溢洪道的建设情况来看,目前世界上著名的经典工程,当数 1991 年澳大利亚的克罗蒂(Crotty)坝。克罗蒂面板堆石坝建在澳大利亚西海岸塔斯马尼亚州的金河上,坝高 83 m,坝顶长 240 m,水库总库容 1.07 亿 m^3。大坝位于狭窄河谷中,溢洪道采用开敞式溢流堰体,堰上不设闸门,水库正常蓄水位齐平溢流堰顶。最大洪水位时,泄流量 234 m^3/s,溢洪道末端采用挑流消能,水头约 60 m,最大流速接近 30 m/s。坝体上游坝坡 1∶1.3,下游为布置溢洪道需要坝坡为 1∶1.5,溢洪道长 120 m,全部用钢筋混凝土结构,底板厚 1.5 m,配有顶底两层筋,坝主体用冲洗过的冲积卵砾石填筑,根据澳大利亚修筑面板坝的经验,坝体的变形量是不大的,且压实卵砾石的变形模量远大于压实堆石,因此其下游面的混凝土面板设置合适的铰接后,是可以承受这少量变形的,设计中在泄槽底板设有 4 个通气槽,正好与伸缩缝结合起来,大坝于 1991 年 7 月建成,库水位曾数度升高到堰顶下 30 mm 处,且曾在 1993 年溢流,不过还是未经过设计流量的考验。大坝的静力学观测表明其运行性状是良好的。溢洪道混凝土面板的最大沉降和位移分别为 17 mm 和 10 mm,与坝体的 15 mm 和 9 mm 十分接近。

克罗蒂坝溢洪道的设计是具有独创性的,尽管是出于经济原因的抉择,但更应该将这种设计归结为塔斯马尼亚水电局多年来在坝工方面所取得的一种新的进展,克罗蒂坝的运行经验证明,面板坝上修建这种具有创新意义的坝顶溢洪道是可行的,也证明面板坝的设计还可以从多方面进行优化。

国外的混凝土面板坝的设计主要是经验性的,以已有工程的经验和工程师的判断为基础。墨西哥、巴西、智利等国家也继续做了一些研究,看到了从经验和判断向理论分析和试验研究过渡的趋势。

2.4.2　在国内的应用与现状

国内在 20 世纪 90 年代,曾就浙江丽水大奕坑面板堆石坝、新疆保尔德面板堆石坝采用坝身溢洪道方案进行过比较和研究,并进行过水力学模型试验论证。对溢流面板坝,国内学者有如下一些研究成果:

(1)方光达列举了工程实例,介绍了水利水电工程建设中,土石坝及面板堆石坝坝身溢洪道技术的应用和发展,在确保工程安全的前提下,起到了节约工程投资及推进水电科学进步的作用。

(2)涂祝明、吴关叶介绍了将正常溢洪道或非常溢洪道直接布置在混凝土面板堆石坝上可避免岸边溢洪道带来的下游水流归入流态差和难以避免深开挖而形成高边坡问题,同时介绍说,通过理论和实践的证明,将开敞式溢洪道布置在面板堆石坝上是可行的。

(3)何光同针对混凝土面板堆石坝坝身溢流的关键技术难题,通过大量变形实测资料的统计,依据阿里亚坝水库蓄水后堆石体沉陷等值线分析了变形特性对其上部结构,包括挡水闸门、泄洪建筑物、渗漏排水等因素的影响和对溢洪道挡水结构抗滑稳定的影响,提出了选取适合的溢流面结构等相应的对策和工程措施,并进一步对造价和工期进行剖析,认为混凝土面板堆石坝坝身溢流技术可行,经济效益显著。

(4)谢成荣、王传智根据溢流式混凝土面板堆石坝的特点和设计原则,列举工程实例比较了溢流式面板坝的优点,着重分析了该坝型溢洪道基础持力层的堆石体的变形特性、上部结构对它的适应性、坝顶溢洪道的设计要点,并简要介绍了该坝型的施工特点。

(5)凤家骥、唐新军、凤炜等依托新疆哈密榆树沟水库枢纽工程,对溢流混凝土面板堆石坝的结构设计和施工工艺等进行了较为系统、全面的研究,并依据研究成果指导建成了榆树沟溢流式混凝土面板堆石坝。新疆榆树沟溢流面板坝建于 2000 年,坝高 67.5 m,溢洪道布置在右岸堆石坝体上,坝身溢洪道宽 22 m,最大单宽流量 20 m³/(s·m)。凤家骥、唐新军、凤炜等对榆树沟溢流面板坝的结构设计以及施工工艺等方面开展了较为全面的研究。

(6)姜忠见等对浙江桐柏溢流面板坝泄槽叠瓦式构造板的结构设计形式进行了研究。浙江桐柏溢流面板坝建于 2005 年,坝高 70.6 m,溢洪道布置在大坝中部堆石体上,坝身溢洪道宽 26 m,最大单宽流量 20 m³/(s·m),是国内已建成的最高的溢流面板坝。

(7)溢流面板坝泄槽底板布置在人工填筑堆石体上,底坡陡,泄槽受结构自重、高速泄流产生的脉动压力、水流拖曳力等荷载组合作用,在泄槽的抗滑稳定性分析方面取得了较多研究成果。杨京、马铁成等对溢流面板坝泄槽底板的抗滑稳定性方面进行了计算和评价;霍洪丽、周峰、魏祖涛等对溢流面板坝溢洪道的抗滑稳定性和抗倾覆稳定性、泄槽底板的内力、水平阻滑板的力学分析进行了研究;杨美娥等对溢流面板坝泄槽的水平阻滑板和水平锚杆进行了静力分析研究;胡去劣、俞波根据保尔德面板坝坝面溢流模型试验,对护面体的布置形式及其稳定性进行了研究;庞毅等应用随机振动理论对泄槽及地基的动力响应做出了定性分析。

国内外已建成的坝身溢流面板坝数量较少,且坝高较低,概况见表 2-3。

已建溢流面板坝的运用情况表明,尽管溢流面板坝存在许多技术难点,但只要认真设计,确保工程质量,总体上是安全可行的。

人们在溢流面板坝建设中积累了许多经验,对溢流面板坝的设计、施工、安全运行等方面具有重要的指导意义,但专门针对坝身溢流面板坝变形与应力的定性分析、结构设计和施工工艺的研究较少。

2.4.3　浙江桐柏下库坝身溢流面板坝

浙江桐柏抽水蓄能电站的下库大坝是我国建成的最高的坝身溢流面板坝,是我国坝身溢流面板坝的典型和代表。大坝投入运行 10 多年来,运行状态良好。

为了更深入了解坝身溢流面板坝的运用情况,2018 年 12 月 25~29 日对桐柏下库大坝进行了调研,调研组与设计、管理负责人等在桐柏水库留影见图 2-10,到大坝的运行管理单位国网新源华东西桐柏抽水蓄能发电有限责任公司了解大坝运行情况,到大坝设计单位华东勘测设计研究院调研大坝设计过程、设计方法及相关技术问题。

桐柏抽水蓄能电站位于浙江省天台县,装机容量 1 200 MW,供电范围为华东电网,在电网中承担调峰、填谷、调频、调相以及事故备用等任务。工程等级属大(1)型 I 等工程,总投资为 41.93 亿元。

表 2-3　国内外已建成坝身溢流面板坝

	工程名称	坝高（m）	溢洪道净宽（m）	设计最大泄洪量（m³/s）	单宽流量［m³/(s·m)]	建成年份
国外	突尼斯的 Lebna 土坝	22	25	300	12	
	印度尼西亚巴士皮西（Batubesi）坝	32	—	800	11～13	1978
	澳大利亚克罗蒂（Crotty）坝	82	12.2	245	20	1991
	法国的 Chamboux 坝	15				
	美国唐河坝	22.1	109	1 699	15.6	1999
	美国的 Meeks Cabin 坝	46	9	180	20	1972
国内	江西瑞港溢流堆石坝	20			20	
	辽宁本溪夹道子水库面板堆石坝	49.5	132	2 727	20.7	
	云南岗曲河溢流式面板堆石坝	69.1	20	—	—	
	湖北建始红瓦屋溢流面板堆石坝	41.5	24	118	4.9	
	贵州白河沟坝身溢流面板堆石坝（见图 2-2）	59.4	30	164	5.5	
	新疆榆树沟水库大坝	67.5	22	420	21	2000
	浙江桐柏下库大坝	70.6	26	496	19.08	2007
	云南大城水库大坝	42.6	8	200	25	2007
	云南白牛厂菲古水库大坝	51.5	8	94.7	11.8	2020

图 2-2　贵州白河沟坝身溢流面板堆石坝

　　下水库主坝为钢筋混凝土面板堆石坝，最大坝高 68.25 m，坝顶长度 434 m，总库容为 1 289.73 万 m³。水库溢洪道为坝身溢洪道，下泄流量 496 m³/s。下水库右岸布置导流泄放洞挡水坝为 Ⅰ 级水工建筑物，按 200 年一遇洪水设计，1 000 年一遇洪水校核。大坝上游坡度 1:1.4,下游综合坡度 1:1.5。坝体堆石填筑量 157.0 万 m³。采用地下洞室群、进出水口及采石料场开挖的花岗岩、凝灰岩料筑坝,次堆石区允许部分强风化岩分散填筑。

桐柏下库大坝采用坝身溢流主要有如下原因:

(1)2001 年特咨团咨询报告中,倾向于采用坝身溢洪道。

(2)可避开右岸不良地质条件,利用河床较好的地质条件,降低地质风险。

(3)采用坝身溢洪道可使枢纽布置更加合理。

(4)单宽流量小、泄洪机遇少。

(5)下水库最大坝高约 70 m,高度适中,国内类似高度的面板坝数量较小,工程实践对以后的面板堆石坝工程泄流方案的选择有较大的指导意义。

(6)投资可降低。

桐柏下库坝顶溢洪道布置于河床中部的坝体上,设计流量 361 m³/s,校核流量 496 m³/s,采用自由式溢流堰,为驼峰堰,设 2 孔,每孔净宽 13 m。泄槽纵坡为 1:1.5,水平长度为 81.57 m,泄槽净宽 27 m。泄槽末端为挑流鼻坎,接预挖冲坑和出水渠。

枢纽平面布置示意图见 2-3,溢洪道纵剖面图见图 2-4,大坝施工过程及形态见图 2-5~图 2-9。

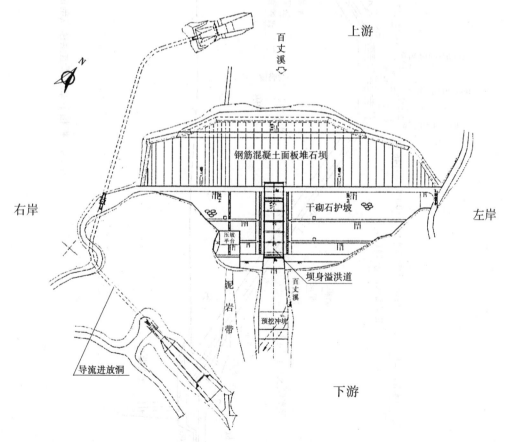

图 2-3 桐柏下库枢纽平面布置示意图

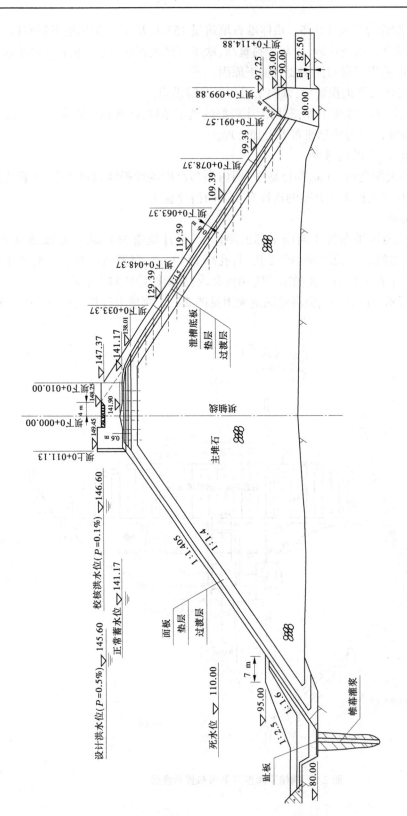

图 2-4　桐柏下库坝顶溢洪道纵剖面图

图 2-5　桐柏下库大坝坝身溢流面板坝阻滑板施工(一)

图 2-6　桐柏下库大坝坝身溢流面板坝阻滑板施工(二)

图 2-7　桐柏下库大坝坝身溢流面板坝上游视图

图 2-8　桐柏下库大坝坝身溢流面板坝下游视图

图 2-9　桐柏下库坝身溢流面板坝试泄流

图 2-10　调研组与设计、管理负责人等在桐柏下库大坝坝顶留影

第 3 章　溢流面板坝的力学特性研究

3.1　概　述

　　溢流面板坝的溢洪道建基于堆石坝体上,结构的变形和内力受到坝体应力和变形的影响。而坝体在施工过程中,会发生自身的沉降变形;蓄水时,坝体在面板传递过来的水压力作用下发生挤压变形。这些变形都将引起溢洪道结构的次生变形和次生应力。

　　由于河谷地形的复杂多样性,坝体呈空间非规则几何体;筑坝采用的堆石体的力学特性呈复杂非线性;坝体由多个分区组成,各区力学特性相差巨大;面板、溢流道结构一般采用混凝土结构,与坝体填筑体模量相差巨大,加剧了坝体应力变形的复杂性。

　　长期以来,面板坝的设计主要依赖于经验设计,但由于溢流面板坝集成了溢洪道,加大了工程应力变形的复杂程度,也加大了工程失事风险。为了确保工程安全,确保工程设计的科学性和合理性,有必要对溢流面板坝进行深入的应力和变形分析,加深对溢流面板坝的坝体与溢洪道结构之间的变形特性、应力特性了解,这是溢流面板坝设计的基础和前提。

　　坝身溢流面板由堆石体、垫层、面板、铺盖和坝顶溢洪道组成,大坝体型为几何非线性,堆石体为力学非线性,面板、溢洪道与坝体之间的作用为接触非线性,因此坝身溢流面板坝的应力和变形问题是十分复杂的非线性问题。

　　大坝填筑时,上层自重作为荷载作用于下层坝体,并在坝体及地基产生附加作用力;坝体和地基在附加荷载作用下发生变形,这种变形在填筑时将按设计图得到修正,因此坝体施工过程是坝体变形和应力不断重分布的过程,且与填筑路径有关。完建时的坝体和地基的初始情况是大坝挡水和溢洪道泄洪工况分析的基础和前提,为了准确计算完建时坝体和坝基的初始状态,计算时需要充分考虑大坝的填筑过程。

　　坝体挡水时,水对面板、趾板产生压力,并传递到坝体和地基,形成新的应力场和位移场;同时,地基在库水作用下形成新的渗流场,产生新孔隙水压力和超孔隙水压力,影响坝的应力和变形。因此,大坝挡水过程也是坝体应力变形和地基流固耦合问题。为了更好地反映地基和坝体的应力和变形,计及挡水压力效应的同时,还计及地基渗流场对地基变形的影响。

　　坝身溢流面板坝的应力变形问题是一个与填筑过程、地基渗流、筑坝材料及接触界面有关的复杂的非线性过程。

　　白牛厂汇水外排工程的菲古水库大坝在工程设计时,推荐大坝采用坝身溢流面板堆石坝,可节省工程直接费用 1 100 万元(数据来自云南省水利厅关于文山州德厚河流域白牛厂汇水外排工程初步设计报告的批复初设批文云水规计〔2018〕101 号)。虽然坝身溢流方案通过了专家审查,但工程上风险和技术的复杂性依然存在,又缺少相关工程标准规范和工程经验。为确保工程安全,有必要对坝顶溢洪道的受力性态进行研究和论证,为工程设计、施工和管理提供必要支撑力;同时,工程实施为课题的开展提供了便利和条件。本书以菲古水库坝身溢流面板坝为背景,对坝身溢流面板坝变形与应力进行计算、分析和研究,并为菲古水库和类似坝工设计提供依据和参考。

3.2　研究背景

3.2.1　工程概况

白牛厂汇水外排工程位于云南省文山州文山市境内,位于德厚河源头区、德厚水库上游区域。

工程以水资源保护、兼顾农业灌溉为主要任务。首要任务是截水导排,保护德厚水库水质水量,位于德厚水库径流区范围,且处于源头的位置,是落实环保部关于德厚水库水环境保护措施的重要举措,具有消除德厚水库库区水质不利影响、保障德厚水库发挥功能效益的作用。在保护德厚水库水质的前提下,向德厚水库补充了径流。同时,有利于缓解砚山县拖白灌区干旱缺水问题。

主体工程包括首部拦截工程、菲古水库工程和外排灌溉工程三部分。

按水库总库容确定水库工程等别属Ⅳ等,规模为小(1)型。主要建筑物 2#面板堆石坝和溢洪道为 4 级建筑物,引水放空隧洞、牛作底坝(1#坝)为 5 级建筑物,次要建筑物为 5 级建筑物,临时建筑物为 5 级建筑物。本工程外排灌溉接收地区为砚山县平远镇灌区和文山市德厚镇灌区,灌溉面积为 4.55 万亩❶,最大排水流量为 1.34 m³/s,外排输水灌溉隧洞及管道建筑物级别为 5 级。本工程外排灌溉工程含泵站 1 座,装机容量 360 kW,泵站级别为 4 级。

菲古水库为混凝土面板堆石坝,坝顶设溢洪道,其结构和应力都十分复杂,是本次研究的重点。

根据地形和地质条件,菲古水库大坝呈直线布置,坝轴线大致垂直河流走向。拦河坝采用钢筋混凝土面板堆石坝,由桩号坝 0+000 至坝 0+230,坝顶高程 1 699.5 m,河床趾板最低建基面高程 1 648 m,最大坝高 51.5 m,坝顶宽度 6 m,坝顶总长 230 m。大坝上游坡比为 1:1.4,下游坡在 1 675.2 m 高程设置一级马道,马道宽 3 m。为减少坝体工程量,降低工程造价,坝顶上游侧设"L"形防浪墙,墙高 3.3 m,顶部高程为 1 700.0 m,高出坝顶0.5 m,防浪墙上游底部设置 0.7 m 宽的小道以利于检查行走。

坝体分区从上游到下游依次为上游盖重区 1B(顶部水平宽度 5 m,顶部高程 1 665 m)、上游铺盖区 1A(顶部水平宽度 2 m、高程 1 663 m)、C25 混凝土面板 F(厚 $t=0.45$ m)、垫层区 2A(水平宽度 3 m)、过渡区 3A(水平宽度 3 m)、主堆石区 3B(上游坡 1:1.4、下游坡 1:0.5)、次堆石区 3C(顶部高程 1 693 m、底部高程 1 661 m)、下游块石护坡(厚 1 m)。

面板采用 C25 混凝土,厚度 $t=0.45$ m,面板的截面中部设置单层双向钢筋,以承受混凝土温度应力和干缩应力。为适应坝体变形,对面板进行分缝,共设 14 条垂直缝,垂直缝间距 16 m。面板、趾板结合处设周边缝,不设水平施工缝。

趾板采用 C25 混凝土,与面板共同形成坝基以上的防渗体。本工程趾板采用平趾板,趾板厚 0.6 m,趾板宽度 5 m。趾板每隔 16 m 设 1 条伸缩缝。趾板表面设 1 层双向钢筋。为加强趾板与基础的连接,防止灌浆抬动趾板,在趾板上布置 φ25Ⅱ级锚筋,锚筋长6 m,间、排距 2 m。大坝平面布置见图 3-1,横断面图及剖面图见图 3-2、图 3-3。

---

❶　1 亩=1/15 hm²,全书同。

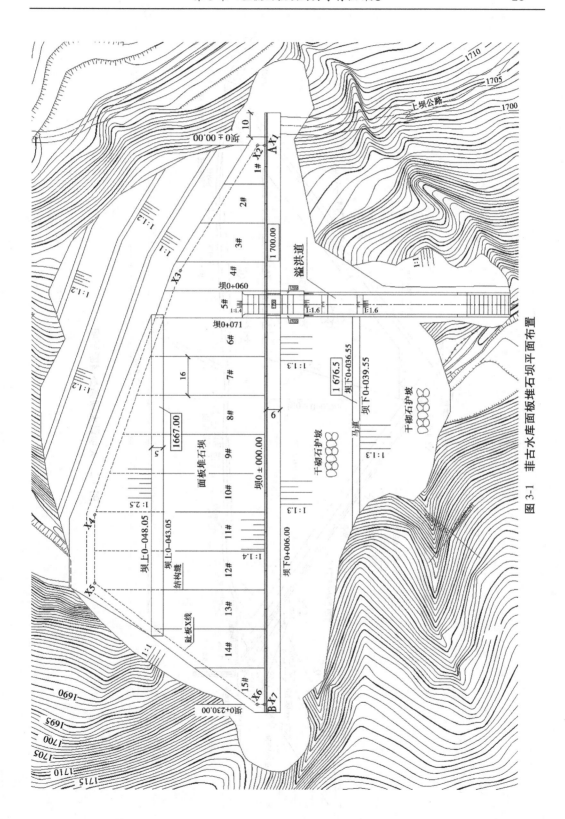

图 3-1　菲古水库面板堆石坝平面布置

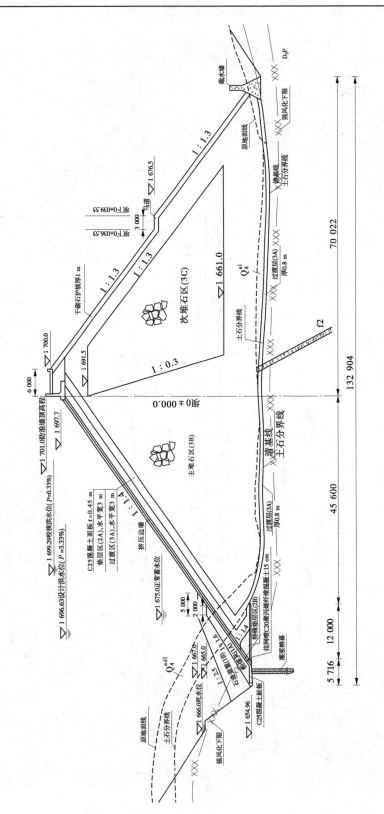

图 3-2　大坝最大坝高处横断面图

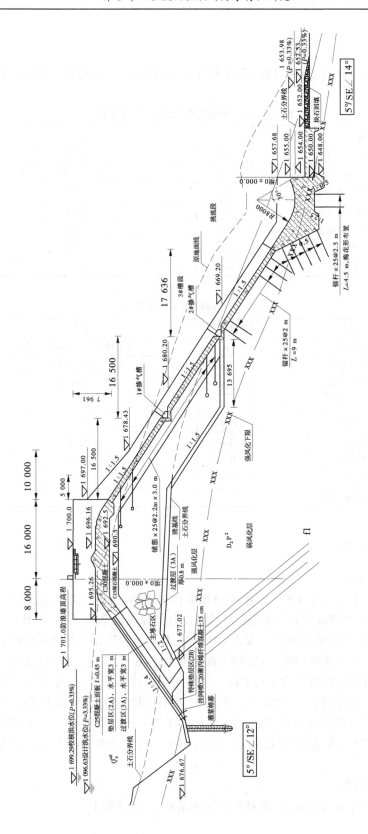

图 3-3　溢洪道纵剖面图

3.2.2　工程水文与水位

根据水文专业调查、分析计算,设计中所采用的水文、气象参数见表3-1,特征水位与库容见表3-2。

表3-1　设计中所采用的水文、气象参数

项目	单位	数量
坝址以上流域面积	km²	36.6
多年平均径流总量	万 m³	1 315(工程后)
多年平均输沙量	万 t	0.57
多年平均气温	℃	17.9
多年平均降水量	mm	1 320
多年平均水面蒸发量	mm	1 000
多年平均最大风速	m/s	11.7

表3-2　特征水位与库容

项目	单位	数量
校核洪水位	m	1 698.11($P=0.33\%$)
设计洪水位	m	1 695.42($P=3.33\%$)
正常蓄水位	m	1 675.0
死水位	m	1 666.0
总库容	万 m³	295
正常蓄水位以下库容	万 m³	53.8
死库容	万 m³	16.3
兴利库容	万 m³	37.5
水库调节性能		年调节

3.2.3　工程地质

3.2.3.1　地形地貌

菲古水库(见图3-4)位于文山市德厚镇菲古村西南,所处水系为盘龙河一级支流德厚河上游段,地处亚热带季风气候区,库区河流总体先由北东向流,在坝址上游约250 m处转为南东流向,两岸地形坡度一般为20°~45°,局部基岩陡崖处坡度近90°,河谷切割较深,呈"V"形谷,河床普遍较窄,勘察期间宽度多为2~6 m,水深0.20~1.0 m。水库回水长约1.7 km,河床最低高程为1 654 m。水库区两岸地形完整,山体雄厚、高耸,高程为2 000~2 023 m,库岸覆盖层较薄,左岸植被较少,右岸植被较茂盛,水土保持状况一般,库内沿河岸断续有一级阶地分布,阶面高程1 654~1 714.2 m,宽度10~30 m,阶地基本为农田,两岸冲沟切割较浅,呈树枝状展布。河流年平均流量为0.76 m³/s,河道平均比降为3.4%。

3.2.3.2　地层岩性

本工程库区主要为寒武系、泥盆系及第四系地层,分述如下:

图 3-4　坝库首至库中段远景图(往上游看)

　　寒武系中统($\in_2$):白云岩与页岩、砂岩互层,其岩溶发育较弱,测绘中未见明显溶蚀现象,为库中至库尾段主要出露岩层。

　　泥盆系中统坡脚组(D_2p):灰色、深灰色细砂岩、粉砂岩,粉砂岩中局部夹有钙质泥岩,主要分布于库首至库中。

　　第四系(Q_4):包括残坡积碎石土(Q_4^{edl})、河流冲积砂卵砾石层(Q_4^{al})及洪坡积层(Q_4^{pdl})等。

　　残坡积碎石土(Q_4^{edl}):主要为黄褐色碎石土,分布于库区两岸山坡表面。

　　冲积砂卵砾石层(Q_4^{al}):主要为卵石,次为砾石、中细砂,分布于河床及阶地下部。

　　洪坡积层(Q_4^{pdl}):主要为碎石土,碎石多棱角分明,分布于部分冲沟沟口处。

　　钻孔地勘数据见表 3-3 和表 3-4,工程地质剖面图见图 3-5。

3.2.3.3　地质构造

　　库区地层为寒武系中统($\in_2$)白云岩与页岩、砂岩互层,泥盆系中统坡脚组(D_2p)细砂岩、粉砂岩,构成单斜岩层,岩层产状 5°~40°/SE∠5°~35°,库区未见大的断裂发育。

3.2.3.4　水文地质条件

　　根据含水介质的特征和地下水赋存条件、水力特征,区内地下水可划分为三大类:第四系松散岩类孔隙水、泥盆系碎屑岩类裂隙水和碳酸盐类岩溶水。第四系松散岩类孔隙水主要分布于砂卵砾石层中,与河水具有良好的水力联系,其水位随季节变化大。泥盆系碎屑岩类裂隙水主要赋存于碎屑岩等岩体裂隙中,富水性贫乏,是库区内地下水的主要部分,其富水程度与断层、裂隙的性质、规模及密集程度有关,泉水出流的流量一般较小,受季节的影响变化较大,该类地层本身透水性很小,隔水性能良好,以分散补给为主。地下水均接受大气降水垂直补给,一般以泉的形式排出或向地势较低的松散岩孔隙含水层排泄。碳酸盐类岩溶水主要分布于本库库中至库尾段,含水层主要由寒武系中统($\in_2$)白云岩组成,局部为砂页岩与碳酸盐岩互层,该层组岩溶发育程度中等至较低,透水性中等。库盆范围内均为碎屑岩,构成隔水岩层。

表 3-3　菲古水库岩石物理力学性质试验成果(一)

岩石名称	位置	试样编号	取样深度(m)	天然密度(g/cm³)	颗粒密度(g/cm³)	干燥抗压强度		饱和抗压强度		软化系数
						单值(MPa)	平均值(MPa)	单值(MPa)	平均值(MPa)	
弱风化粉砂岩	左岸	ZK1-1-1	22.20~22.35	2.75	2.80	93.7	89.1		49.2	0.55
		ZK1-1-2	22.35~22.50			95.4				
		ZK1-1-3	22.90~23.50			78.2				
		ZK1-1-4	23.00~23.20					50.5		
		ZK1-1-5	23.50~23.80					69.64		
								47.9		
	河床	ZK2-2-1	15.00~15.20	2.75	2.78	110.78	96.6		27.4	0.28
		ZK2-2-2	15.20~15.40			96.7				
		ZK2-2-3	15.60~15.80			96.4				
		ZK2-2-4	16.50~17.00					12.59		
		ZK2-2-3	15.60~15.80					27.1		
		ZK2-2-3	15.60~15.80					27.7		
	右岸	ZK3-1-1	14.40~14.60	2.73	2.82	86.3	89.5		45.2	0.51
		ZK3-1-2	14.60~14.80			92.7				
		ZK3-1-3	14.20~14.60			103.84				
		ZK3-1-4	22.40~22.50					43.7		
		ZK3-1-5	22.50~22.65					37.9		
		ZK3-1-6	22.65~22.80					54.0		
样本数				2.74	2.80	91.34	91.71	41.27	40.61	0.45
最大值				2.75	2.82	96.66	96.55	54.04	49.24	0.55
最小值				2.73	2.78	78.18	89.11	27.07	27.38	0.28
平均值				2.74	2.80	91.34	91.71	41.27	40.61	0.45

表 3-4　菲古水库岩石物理力学性质试验成果(二)

试样名称	位置	室外编号	取样深度(m)	天然密度(g/cm³)	颗粒密度(g/cm³)	干燥抗压强度		饱和抗压强度		软化系数
						单值(MPa)	平均值(MPa)	单值(MPa)	平均值(MPa)	
弱风化细砂岩	河床	ZK2-1-1	19.00~19.15	2.77	2.79	119	108		64.9	0.60
		ZK2-1-2	19.60~19.85			97.5				
		ZK2-1-3	20.00~20.35			106				
		ZK2-1-4	20.35~20.55					34.1		
		ZK2-1-2	19.60~19.85					18.96		
		ZK2-1-3	20.00~20.35					95.7		
		ZK2-3-1	29.00~29.20	2.74	2.75	48.5	84.4		54.2	0.64
		ZK2-3-2	29.20~29.30			72.3				
		ZK2-3-3	30.00~30.20			132				
		ZK2-3-4	30.20~30.35					87.36		
		ZK2-3-5	38.20~38.50					65.8		
								42.5		
样本数				2.75	2.77	95.95	95.95	59.51	59.51	0.62
最大值				2.77	2.79	132.34	107.52	95.65	64.86	0.64
最小值				2.74	2.75	48.50	84.39	34.08	54.15	0.60
平均值				2.75	2.77	95.95	95.95	59.51	59.51	0.62

3.2.3.5　物理地质现象

根据地表地质测绘资料,库区两岸斜坡覆盖层一般较薄,厚 1~2.5 m,部分可见强风化~弱风化露头,河谷底两侧弱风化基岩基本连续出露,谷底多有阶地分布。库岸斜坡基本稳定,地形较完整,库区蓄水范围内基本未见大的滑坡、泥石流等不良地质现象发育。库区尾段高处远高于正常高水位之上,见寒武系中统($\in_2$)地层白云岩与页岩、砂岩互层状出露,但可溶岩的地表岩溶形态基本不发育。

本工程坝基设计采用的岩土体主要地质参数见表 3-5。

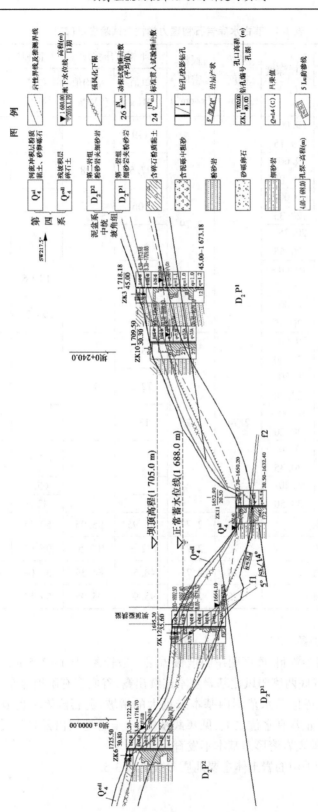

图 3-5　坝线剖面图

表 3-5　坝址岩土体主要地质参数建议值

岩石名称	风化状态	岩体比重	岩体变形模量	抗剪强度				抗剪断强度				允许承载力	允许抗冲流速
				岩/岩		混凝土/岩		岩/岩		混凝土/岩			
			$E_0(G_p)$	f	C(MPa)	f	C(MPa)	f	c'(MPa)	f'	c'(MPa)	(MPa)	(m/s)
残坡积土		—	—									0.20	0.7
砾卵石层		—	—				0.5					0.30	1.5
细砂岩	强风化											0.80	1.0
	弱风化	2.75	5~7	0.65		0.6		1.0	0.8	0.9	0.7	2.50	5.5
粉砂岩	强风化											0.60	0.8
	弱风化	2.74	4~5	0.55		0.5		0.8	0.6	0.7	0.4	2.0	4.5
弱风化岩层面				0.5				0.7	0.3				

3.2.3.6　料场

1. 土料场

2#坝址工程区为峡谷区,受岩性,再严格地说岩石强度和软化性能影响(中硬岩、易软化岩石),抗风化能力稍强,故不易找到较大范围的风化土,坝址及上游两岸第四系残坡积层厚度不大,均属山坡地地形,料场面积较小,有用层较薄,土料质量较差,主要为碎石土,属Ⅲ类料场。而 1#坝址区地处山原,亦即靠近山顶,岩石的风化作用更加强烈,尤其是一些不易察觉的特殊地质原因,如变质活动更加强烈,导致该部位风化土厚度及范围较 2#坝址区有所增加,但根据勘探资料显示,1#坝附近可用土料厚度,为 1~2 m,山坡下部少部分区域可达到约 3 m,鉴于土料厚度较小,剥采比较大,且附近多为牛作底村基本农田,故本次放弃开采 1#坝附近土料场;根据现场调查,现场勘察测绘,综合开挖条件、土料质量、距坝址距离等因素,初步选定一个土料场(T1),土料场扰动土样物理力学指标试验成果统计见表 3-6。

1)产地概况

土料场(T1)位于 2#坝址北方,以奈黑村东北约 2 km 处,长约 450 m,宽约 400 m,地面高程 1 540~1 580 m,地形坡度相对较缓,目前有弹石公路(Y022 德以段)经过料场区旁边,料场距离 2#坝址 12.5 km,基本为现有弹石路。料场区山坡表面多被开垦为旱田耕种,料场土层为石炭系中统细晶灰岩残坡积红黏土,厚度 3~5 m,根据勘探及试验结果,土料储量及质量满足坝区防渗土料质量要求。

2)质量

T1 土料场土层为残坡积红黏土,场区地下水主要为岩溶溶隙水,位于下部基岩中,埋藏较深。试验资料表明(部分值参考附近花庄地区红黏土试验资料):土料的黏粒含量为 46.5%,塑性指数 $I_p=20.4$,渗透系数为 $1.6×10^{-6}$ cm/s,击实后的最优含水量平均值 21.1%,详见表 3-6。各项指标均满足质量要求。

需要补充一点,推荐土料场在当地属良田沃土,现在正在种植烤烟这种高经济附加值作物,加之当前强烈的环保、人文观念,估计征地代价不菲。此外,本工程推荐方案所需土料主要为围堰用料,质量、储量要求不高,可以就近利用两岸坝基开挖碎石土作为土料利用。

表 3-6　土料场扰动土样物理力学指标试验成果统计

试样编号	试样状态	颗粒比重 G_s	液限 w_L (%)	塑限 w_P (%)	塑性指数 I_p	快剪(击实后)		颗粒大小(d)和含量(x)(%)									击实(重型)	
						黏聚力 c (kPa)	内摩擦角 (°)	>20 mm	2~20 mm	0.5~2 mm	0.25~0.5 mm	0.075~0.25 mm	0.05~0.075 mm	0.01~0.05 mm	0.005~0.01 mm	<0.005 mm	最优含水量 w_{op} (%)	最大干密度 d_m (g/cm³)
TL1-1	扰动	2.74	37.0	20.5	16.5	258.4	19.3	0	0.6	0.5	0.3	8.4	14.6	21.0	5.9	48.7	16.5	1.81
TL1-2	扰动	2.76	48.9	24.7	24.2	162.2	21.7	0	1.4	0.9	0.5	4.6	8.5	30.4	9.5	44.2	25.7	1.56
平均值		2.75	43.0	22.6	20.4	210.3	20.5	0	1.0	0.7	0.4	6.5	11.6	25.7	7.7	46.5	21.1	1.7

2. 石料场(SH1)

1)产地概况

该料场位于小塘子村东北约 1 km,距离 2#坝址约 3 km,其中土质公路约 0.6 km,其余为山间小道或无现有道理,需修进场道路约 2.4 km,料场面积广,有用层厚而稳定。岩性基本为泥盆系中统东岗岭组(D₂d)灰色中层~块状隐晶和细晶灰岩,属Ⅰ类料场,植被稀疏,地形坡度 20°~57°,属裸露型岩溶,地表岩溶形态不发育,地下岩溶架空迹象不明显,推测岩溶发育程度一般,弱风化基岩裸露,基本未见覆盖层或覆盖层极薄。

本阶段对该石料场做了普查工作,方法为现场地质测绘、取岩样做室内岩石常规试验。岩性属灰岩,质纯,厚层~巨厚层状,岩层产状 30°/SE∠26°,基岩节理裂隙稍发育,主要有以下几组裂隙:

(1)283°~318°/NE 或者 SW∠46°~87°,面平直粗糙,延伸长,张开状,局部闭合,面有方解石蜂窝状结晶,1~2 条/m。

(2)32°~44°/SE 或者 NW∠43°~72°,面平直粗糙,延伸长,张开状,间夹短闭合裂隙,面充填泥质,1~2 条/m。

(3)65°~86°/SE∠53°~65°,面较平直光滑,延伸长,微张~张开状,1~3 条/m。

2)质量

据现有开挖料场,可研阶段共取 3 组块石样,进行室内试验分析,根据试验成果(见表 3-7),弱风化灰岩饱和单轴抗压强度 R_b = 48.60 MPa,吸水率为 0.12,ρ = 2.68 t/m³,软化系数为 0.77。岩石质量指标能达到块石料和人工骨料要求,此外岩溶发育程度一般,且料场可挑选的范围广阔,因此石料质量可以满足设计要求。

表 3-7　SH1 石料场岩石物理力学性质试验成果统计

料场名称	野外编号	岩石名称	颗粒密度（g/cm³）	天然密度（g/cm³）	吸水率（%）	单轴抗压强度（MPa）		软化系数
						干燥	饱和	
白牛厂厂区汇水外排工程 SL1	Lc-1	灰岩				58.64		0.77
			2.70	2.69	0.20		42.09	
	Lc-2					93.90		
			2.70	2.68	0		87.44	
	Lc-3					67.98		
			2.71	2.69	0.04		55.10	
样本数			3	3	3	3	3	
最大值			2.71	2.69	0.34	93.90	87.44	
最小值			2.70	2.68	0.04	58.64	42.09	
平均值			2.70	2.69	0.19	73.51	61.54	
小值平均值			2.70	2.68	0.12	63.31	48.60	0.77

3.2.4　工程等别与建筑物级别

水库工程等别属 Ⅳ 等,规模为小(1)型。菲古水库面板堆石坝为主要建筑物,建筑物级别为 4 级。

3.2.5　地震设计烈度

根据《中国地震动参数区划图》(GB 18306—2015),本工程区坝址及库区地震动峰值加速度为 $0.05g$,相应地震基本烈度为 Ⅵ 度。按照《水工建筑物抗震设计规范》(SL 203—1997)的规定,本工程采用抗震设计烈度为 Ⅵ 度。

3.3　研究方法与原理

3.3.1　静力计算

采用 Gauss 消去法解:

$$\{K\}\{\delta\} = \{R\} \tag{3-1}$$

式中:$\{K\}$ 为整体刚度矩阵;$\{\delta\}$ 为柔度矩阵;$\{R\}$ 为静力荷载矩阵。

计算单元节点应变为

$$\{\varepsilon\} = [B]\{\varepsilon\} \tag{3-2}$$

单元节点应力:

$$\{\sigma\} = [D]\{\varepsilon\} \tag{3-3}$$

式中：$\{\varepsilon\}$为应变矩阵；$\{\sigma\}$为应力矩阵；$[B]$为单元几何矩阵；$[D]$为弹性常数矩阵。

节点位移：

$$u = \sum \overline{R} \cdot \varepsilon \tag{3-4}$$

式中：$\overline{R}$为虚设单位荷载引起的内力。

3.3.2　渗流计算

根据不可压缩流体的假设和水流连续条件，在体积不变的条件下，对于饱和渗透介质流入微单元的水量必须等于流出的水量，亦即

$$\frac{\partial v_x}{\partial x} + \frac{\partial v_y}{\partial y} = 0 \tag{3-5}$$

根据达西定律：

$$\left.\begin{array}{l} v_x = -K_x \dfrac{\partial h}{\partial x} \\[2mm] v_y = -K_y \dfrac{\partial h}{\partial y} \end{array}\right\} \tag{3-6}$$

因此得出二维稳定渗流方程为

$$\frac{\partial}{\partial x}\left(K_x \frac{\partial h}{\partial x}\right) + \frac{\partial}{\partial y}\left(K_y \frac{\partial h}{\partial y}\right) = 0 \tag{3-7}$$

由于选取$K_{xy}=0$，因此式（3-7）为

$$K_x \frac{\partial^2 h}{\partial x^2} + K_y \frac{\partial^2 h}{\partial y^2} = 0 \tag{3-8}$$

式中：h为全水头值（位置水头和压力水头之和）；K为渗透系数。

对上述方程在计算渗流区域上进行离散，把渗流方程的渗透矩阵进行叠加组合，形成渗流数值模型：

$$[K]\{H\} = 0 \tag{3-9}$$

式中：$[K]$为总渗透矩阵，n阶对称方阵；$\{H\}$为包含有n个节点h_i值的列矩阵。

3.3.3　流固耦合计算

渗流场、应力场是土石坝稳定分析中最重要的组成部分，二者之间是相互联系、相互作用的。对土石坝而言，由于上下游存在水头差，在此水头差的作用下，水会在土体介质中发生渗流运动，流动会引起渗透压力发生改变，从而使坝体的应力场分布发生改变；而应力场发生改变，又将引起介质体积应变的改变，使土体渗透率、孔隙度发生变化，渗透系数也随之变化，从而坝体内的渗流场也将跟随发生改变。于是在坝体内部渗流场与应力场的相互耦合作用的影响下，分别形成渗流场影响下的稳定应力场和应力场影响下的稳定渗流场，达到某种平衡状态。

用来描述土颗粒和水之间相互作用的控制微分方程包括本构方程、平衡方程、运移方程，分别如下所示。

3.3.3.1　本构响应方程

多孔介质的本构响应形式为

$$\overset{\vee}{\sigma}_{ij} + \alpha \frac{\partial p}{\partial t}\delta_{ij} = H(\sigma_{ij},\xi_{ij},\kappa) \tag{3-10}$$

式中：$\overset{\vee}{\sigma}ij$ 为同轴应力率；p 为孔隙水压力；H 为本构关系的函数形式；κ 为历史参数；σ_{ij} 为克罗内克函数；α 为比奥系数；ξ_{ij} 为应变率。

孔隙流体的本构关系与孔隙水压力 p、饱和度 s、体应变 ε 随时间的变化量有关：

$$\frac{1}{M}\frac{\partial p}{\partial t} + \frac{n}{s}\frac{\partial s}{\partial t} = \frac{1}{s}\frac{\partial \xi}{\partial t} - \alpha \frac{\partial \varepsilon}{\partial t} \tag{3-11}$$

式中：M 为比奥模量；n 为孔隙率；ξ 为孔隙流体的体积变化量。

3.3.3.2　流体运移方程

流体的运移遵循达西定律。对于密度恒定流体和均质各向同性固体情况，该定律可以写成如下形式：

$$q_i = - k_{il}\hat{k}(s)\left[p - \rho_f x_j g_j\right]_{,l} \tag{3-12}$$

式中：q_i 为指定方向的流出量；k_{il} 为渗流系数张量；$\hat{k}(s)$ 为相对渗透系数；ρ_f 为液体密度；g_j 为重力矢量指定方向的分量。

3.3.3.3　平衡方程

平衡方程包含两部分：质量平衡方程（连续方程）和动量平衡方程（运动方程）。流体的质量平衡方程可以表示为

$$- q_{i,j} + q_v = \frac{\partial \zeta}{\partial t} \tag{3-13}$$

式中：q_v 为流体单位时间流入量。

动量平衡方程的形式为

$$\sigma_{ij,j} + \rho g_i = \rho \frac{\mathrm{d}v_i}{\mathrm{d}t} \tag{3-14}$$

式中：ρ 为单元体的密度，$\rho = (1-n)\rho_s + ns\rho_f$，$\rho_s$ 为固体介质的密度。

3.3.4　本构模型

3.3.4.1　线弹性本构模型

坝基（基岩）和混凝土结构采用强度控制，采用弹性本构模型。大坝面板、趾板、防浪墙和坝顶溢洪道采用钢筋混凝土。钢筋混凝土由混凝土和钢筋组成，应力应变关系十分复杂。本工程钢筋混凝土主要考察其综合应力水平，采用线弹性模型可以满足研究精度要求。

线弹性模型的应力应变关系为

$$\{\sigma\} = [D]\{\varepsilon\} \tag{3-15}$$

3.3.4.2　邓肯-张本构模型

土石坝的本构模型分为两大类：一类为非线性弹性模型，主要有邓肯-张模型、清华

非线性 K-G 模型、成科大修正 K-G 模型;另一类为弹塑性模型,主要有修正剑桥模型、黄文熙模型、沈珠江双屈服面模型等。从实际应用来看,弹塑性模型能较好地反映土的变形特征和内部机制,以及土体的硬化、软化和剪胀性质,具有广阔的发展前景,但参数求取相对较困难;而弹性模型中非线性弹性模型简单适用,在工程计算分析中被广泛采用。根据《碾压式土石坝设计规范》(SL 274—2020),推荐采用非线性弹性本构邓肯-张模型。为提高计算速率,本书研究时大坝填筑分区采用邓肯-张本构模型。

1.本构模型的基本原理

邓肯-张双曲线模型属于非线性弹性模型中的切线模型,其模型参数 E、ν 是应力函数,能够在一定程度上反映土体本构关系的非线性。当土体单元处于某一应力状态 $\{\sigma\}$ 时,对其施加应力增量 $\{\Delta\sigma\}$,由该应力状态下的弹性矩阵 $[D]$,即可计算得到相应的应变增量 $\{\Delta\varepsilon\}$。此时,应力增量、应变增量的关系可表示为增量的广义虎克定律:

$$\{d\sigma\} = [D]\{d\varepsilon\} \tag{3-16}$$

在平面应变条件下,由增量的广义虎克定律可得到以下关系:

$$\Delta\varepsilon_x = \frac{\Delta\sigma_x - \nu\Delta\sigma_y}{E} \tag{3-17}$$

$$\Delta\varepsilon_y = \frac{\Delta\sigma_y - \nu\Delta\sigma_x}{E} \tag{3-18}$$

$$\Delta\gamma_{xy} = \frac{2(1+\nu)}{E}\Delta\tau_{xy} \tag{3-19}$$

若在土体单元的某方向上施加一个应力增量 $\Delta\sigma_y$,其他方向应力保持不变,则弹性系数 E、ν 为

$$E = \frac{\Delta\sigma_y}{\Delta\varepsilon_y} \tag{3-20}$$

$$\nu = -\frac{\Delta\varepsilon_x}{\Delta\varepsilon_y} \tag{3-21}$$

在进行土体常规三轴试验时,通常保持土体的围压 σ_3 不变,轴向上施加偏应力 $\sigma_1 - \sigma_3$,也就是只对土体施加某一方向的应力增量,而其他方向应力保持不变的情况下,进行体积应变和轴向应变 ε_a 的测量,进而求得侧向膨胀应变。因此,可利用土体常规三轴试验,来确定增量的广义虎克定律中的弹性系数 E 和 ν。

2.本构模型的建立

康纳(Kondner)等根据大量土的三轴试验的应力应变关系曲线,提出可以用双曲线拟合出一般土的三轴试验 $(\sigma_1 - \sigma_3)$—ε_a 曲线,即

$$\sigma_1 - \sigma_3 = \frac{\varepsilon_a}{a + b\varepsilon_a} \tag{3-22}$$

式中:a、b 为试验常数。对于常规三轴压缩试验,$\varepsilon_a = \varepsilon_1$。邓肯等根据这一双曲线应力应变关系提出了一种目前被广泛应用的增量弹性模型,称为邓肯-张(Duncan-Chang)模型。

切线弹性模量 E_t 的计算公式为

$$E_t = \frac{\mathrm{d}(\sigma_1 - \sigma_3)}{\mathrm{d}\varepsilon_1} = \frac{a}{(a + b\varepsilon_1)^2} = \frac{1}{a}[1 - b(\sigma_1 - \sigma_3)]^2 \qquad (3\text{-}23)$$

用 E_i 表示双曲线 $(\sigma_1 - \sigma_3)$—ε_a 初始点处的切线斜率,称为初始切线弹性模量。当 $\varepsilon_1 \to 0$ 时,$E_t = E_i$,则有

$$E_i = \frac{1}{a} \qquad (3\text{-}24)$$

式(3-24)表明 a 是 E_i 的倒数。试验表明,土的初始切线弹性模量 E_i 与围压有关,在双对数坐标上绘出 $\lg(E_i/P_a)$ 与 $\lg(\sigma_3/P_a)$ 的关系图,发现其关系近似呈一条直线,直线的斜率和截距分别为 n 和 $\lg k$,见图 3-6,所以可得到下式:

$$E_i = KP_a \left(\frac{\sigma_3}{P_a}\right)^n \qquad (3\text{-}25)$$

式中:P_a 为大气压($P_a = 101.4$ kPa),其量纲和 σ_3 一致;K、n 为试验常数。

当 $\varepsilon_a \to \infty$ 时,则有

$$b = \frac{1}{(\sigma_1 - \sigma_3)_{\varepsilon_a \to \infty}} = \frac{1}{(\sigma_1 - \sigma_3)_{u/t}} \quad (3\text{-}26)$$

式中:$(\sigma_1 - \sigma_3)_{u/t}$ 为当 $\varepsilon_a \to \infty$ 时的 $(\sigma_1 - \sigma_3)$ 值。

定义破坏比 R_f 为

$$R_f = \frac{(\sigma_1 - \sigma_3)_f}{(\sigma_1 - \sigma_3)_{u/t}} \quad (3\text{-}27)$$

于是有

$$b = \frac{1}{(\sigma_1 - \sigma_3)_{u/t}} = \frac{R_f}{(\sigma_1 - \sigma_3)_f} \quad (3\text{-}28)$$

得到

$$E_t = E_i \left[\frac{1}{\dfrac{1}{E_i} + \dfrac{R_f}{(\sigma_1 - \sigma_3)}\varepsilon_1} \right]^2 \quad (3\text{-}29)$$

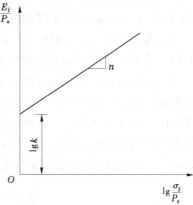

图 3-6　$\lg(E_i/P_a)$—$\lg(\sigma_3/P_a)$ 的关系

3.3.5　接触算法

坝体变形时,面板与垫层、溢洪道结构与垫层之间可能挤压、可能脱开,也可能滑动。这种接触关系的反映,可采用虚拟的接触面或接触带进行模拟,常用的接触单元包括薄层单元和 Goodman 无厚度接触单元等;也可以采用无单元的罚函数法模拟。

3.3.5.1　薄层单元

在混凝土面板堆石坝中,面板是直接浇筑在垫层之上的。因此,在浇筑振捣面板混凝土时,部分混凝土砂浆会进入土石料垫层内一定深度,等到砂浆凝固后,会与垫层胶结在一起,形成一个有一定厚度的粗糙接触带。此时,受力剪切破坏并不一定发生在两者理想的交界面上,而多发生在附近的垫层内,形成一个剪切错动带。这个剪切错动带内土体的应力应变性质明显不同于周围土体,它代表了一定厚度范围内土体与面板的接触特性。另外,为了克服无厚度单元可能造成两侧单元嵌入或脱开的问题,以及模拟剪切破坏常常发生在附近土体内这一现象,许多研究人员都建议采用有厚度的薄层单元来模拟这个剪

切错动带的错动、滑移或者张开。目前,国际上已有不少学者提出过多种薄层单元类型,其中最有代表性的是 Desai 于 1984 年提出的薄层单元。Desai 薄层单元的劲度矩阵为

$$[D] = \begin{bmatrix} D_{ss} & D_{sn} \\ D_{ns} & D_{nn} \end{bmatrix} \tag{3-30}$$

式中:D_{ss} 和 D_{nn} 分别为切向劲度和法向劲度;D_{sn} 和 D_{ns} 为耦合分量。

Desai 薄层单元有以下几个主要问题没有解决好:

(1)它没有从理论上阐明为什么取剪切模量、弹性模量和泊松比为 3 个独立参数。

(2)剪切模量 $G_t = K_s t$,其中单元厚度 t 对剪切劲度有直接影响。当 t 取得太小时,接触面不易错开,会使相对切向位移产生误差;当 t 取得太大,与单元宽度 W 同处一个量级时,接触单元与普通单元就没有太大区别了。Desai 研究指出,$t/W = 0.01 \sim 0.1$ 为宜。

(3)由于受试验条件影响,没有测定耦合分量 D_{sn} 和 D_{ns},而人为地取为 0,因此不能客观、全面地描述接触带的实际应力应变特征。

3.3.5.2　Goodman 无厚度接触单元

Goodman 单元为无厚度平面 4 节点接触面元。这种单元最初应用于岩石力学中作为节理单元,后用于各种边界接触单元,如桩与土、防渗墙与土及面板与土石料之间。

对于平面问题,Goodman 单元 4 个节点可分别由 M、N 和 M'、N' 代表。其中,M 和 M' 有相同的节点坐标;N 和 N' 有相同的节点坐标;用 $MN = M'N' = L$ 定义接触面;$MM' = NN' = 0$,表示单元无厚度。组成的接触面之间可理解为无数微小的弹簧,单元的力学特性采用切向刚度系数和法向刚度系数来表征。假设节点 N 和 N' 的位移分别为 u_i^N 和 $u_i^{N'}$($i = s$、n),则接触面节点的相对位移定义为

$$\Delta u^{NN'} = \begin{Bmatrix} \Delta u_s^{NN'} \\ \Delta u_n^{NN'} \end{Bmatrix} = \begin{Bmatrix} u_s^N \\ u_n^N \end{Bmatrix} - \begin{Bmatrix} u_s^{N'} \\ u_n^{N'} \end{Bmatrix} \tag{3-31}$$

同样,M 和 M' 的相对位移为

$$\Delta u^{MM'} = \begin{Bmatrix} \Delta u_s^{MM'} \\ \Delta u_n^{MM'} \end{Bmatrix} = \begin{Bmatrix} u_s^M \\ u_n^M \end{Bmatrix} - \begin{Bmatrix} u_s^{M'} \\ u_n^{M'} \end{Bmatrix} \tag{3-32}$$

上述二维关系表达式可以类似地推导至三维情况。

Goodman 建立了接触面上的法向应力和剪应力与法向相对位移和切向相对位移的关系,但不考虑法向与切向的耦合作用,即

$$\begin{Bmatrix} \Delta \tau_1 \\ \Delta \tau_2 \end{Bmatrix} = \begin{bmatrix} k_{s1} & 0 \\ 0 & k_{s2} \end{bmatrix} \begin{Bmatrix} \Delta \gamma_1 \\ \Delta \gamma_2 \end{Bmatrix} \tag{3-33}$$

式中:k_{s1} 和 k_{s2} 分别为切向劲度系数和法向劲度系数;$\Delta \gamma_1$ 和 $\Delta \gamma_2$ 分别为切向相对位移和法向相对位移。切向刚度系数 k_{s1} 取值与应力应变状态有关。根据直剪试验,一般采用双曲线表示相对切向位移与节点切向应力之间的非线性关系,则刚度系数可推导为

$$k_{s1} = \left(1 - R_f \frac{\tau_1}{\sigma_n \tan\varphi}\right) K_1 \gamma_w \left(\frac{\sigma_n}{P_a}\right)^n \tag{3-34}$$

$$k_{s2} = \left(1 - R_f \frac{\tau_1}{\sigma_n \tan\varphi}\right) K_2 \gamma_w \left(\frac{\sigma_n}{P_a}\right)^n \tag{3-35}$$

式中:R_f、K_1、K_2 为非线性试验参数;φ 为接触面上的外摩擦角。

Goodman 无厚度接触单元能较好地反映接触面切向变形和应力之间的非线性关系,并且在一定程度上反映接触面的剪切特性,其切向劲度系数 k_s 计算采用 Clough 和 Duncan 提出的计算模式,该模式长期以来得到了广泛的应用。目前,工程界面板与垫层之间的界面多使用 Goodman 接触单元模拟,本工程面板与垫层之间的接触也采用 Goodman 单元。

3.3.5.3　罚函数法

罚函数法的基本原理是:在每一个时间步,首先检查各从节点是否穿透主面,如果没有穿透,则不做任何处理;如果穿透,则从该从节点与被穿透主面间引入一个较大的界面接触力,其大小与穿透深度、主面的风度成正比。这就相当于在两者之间放置一法向弹簧,以限制从节点对主面的穿透。接触力称为罚函数值。对称罚函数法是同时对每个主节点也做类似上述处理。

1. 接触界面与非嵌入条件

考虑两物体 A 和 B 的接触问题,它们的当前构形分别记为 V_A 和 V_B,边界面分别为 Ω_A 和 Ω_B,接触面记为 $\Omega_C = \Omega_A \cap \Omega_B$,如图 3-7 所示。

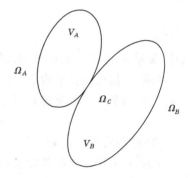

物体 A 为主片(master),其接触面为主面,物体 B 为从片(slave),其接触面为从面。A 与 B 接触时的非嵌入条件可以表示为

$$V_A \cap V_B = 0 \qquad (3-36)$$

式(3-36)表明,物体 A 与物体 B 不能互相重叠,由于事先无法确定两物体在哪一点接触,因此大变形问题中无法将非嵌入条件表示成位移的代数或微分方程,只

图 3-7　物体接触面定义

能在每一时步对比面上物体 A 和 B 对应节点的坐标,或对比速率来实现位移协调条件:

$$U_N^A - U_N^B = (u^A - u^B)n^A \leq 0 \big|_{\Omega_C}$$

或

$$V_N^A - V_N^B = (v^A - v^B)n^A \leq 0 \big|_{\Omega_C} \qquad (3-37)$$

式中:下标 N 表示接触法线方向。

2. 接触面力条件

由牛顿第三定律可知,接触面力应满足

$$\left.\begin{array}{l} t_N^A + t_N^B = 0 \\ t_T^A + t_T^B = 0 \end{array}\right\} \qquad (3-38)$$

式中:t_N^A 和 t_N^B 分别为物体 A 和物体 B 的法向接触力;t_T^A 和 t_T^A 分别为物体 A 和物体 B 的切向接触力(摩擦力)。

3. 接触碰撞算法的有限元实现

采用对称罚函数方法,对任一个从节点 n_s,其计算步骤如下:

（1）如图 3-8 所示，对任一个从节点 n_s，搜索与它最靠近的主节点 m_s。

（2）检查与主节点 m_s 有关的所有主片，确定从节点 n_s 穿透主表面时可能接触的主片，如图 3-9 所示。若主节点 m_s 与从节点 n_s 不重合，那么当满足下列两个不等式时，从节点 n_s 可能与主片 S_i 接触：

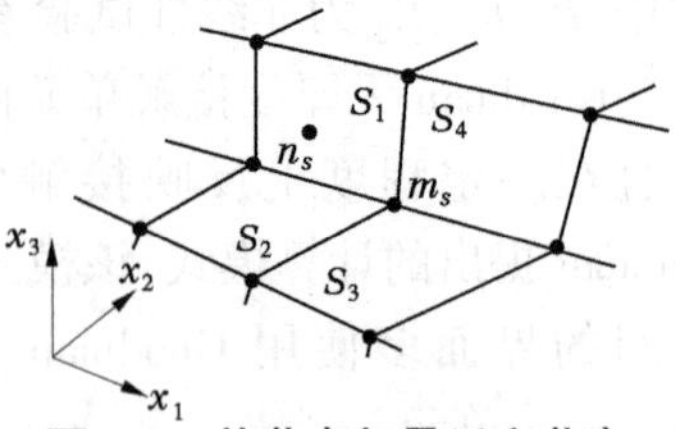

图 3-8　从节点与最近主节点的位置关系

$$\left.\begin{array}{l}(C_i \times S) \cdot (C_i \times C_{i+1}) > 0 \\ (C_i \times S) \cdot (S \times C_{i+1}) > 0\end{array}\right\} \quad (3\text{-}39)$$

式中：C_i 和 C_{i+1} 矢量为主片 S_i 的两条边，从主节点 m_s 向外。

矢量 S 是矢量 g 在主表面上的投影矢量，而矢量 g 是从主节点 m_s 到从节点 n_s 的矢量。

$$S = g - (gm)m \quad (3\text{-}40)$$

其中

$$m = \frac{C_i \times C_{i+1}}{|C_i \times C_{i+1}|} \quad (3\text{-}41)$$

式中：矢量 m 为主片 S_i 的外向法线单位矢量。

如果 n_s 接近或位于两个主片的交线上，上述不等式可能不确定。出现这种情况时，若 n_s 位于两个主片的交线 C_i 上，则 S 取极大值。

$$S = \max(gC_i / |C_i|), i = 1, 2, \cdots \quad (3\text{-}42)$$

（3）确定从节点 n_s 在主片 S_i 上可能接触点 C 的位置。

主片 S_i 上任一点位置矢量 r 的参数表示法如图 3-10 所示。

$$\left.\begin{array}{l}r = f_1(g, \eta)i_1 + f_2(\xi, \eta)i_2 + f_3(\xi, \eta)i_3 \\[2mm] f_i(\xi, \eta) = \sum_{j=1}^{4} \phi_j(\xi, \eta)x_i^j \\[2mm] \phi_j(\xi, \eta) = \frac{1}{4}(1 + \xi_j\xi)(1 + \eta_j\eta)\end{array}\right\} \quad (3\text{-}43)$$

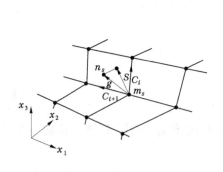

图 3-9　从节点与主片的接触

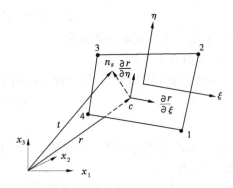

图 3-10　从节点与主片的关系

式中:x_i^j 为单元第 j 节点的 x_i 坐标值;i_1、i_3 和 i_3 分别为 x_1、x_2 和 x_3 坐标轴的单位矢量。

接触点 $C(\xi_c,\eta_c)$ 位置必须满足下列两个方程:

$$\left.\begin{array}{l} \dfrac{\partial r}{\partial \xi}(\xi_c,\eta_c) \cdot [t - r(\xi_c,\eta_c)] = 0 \\[3mm] \dfrac{\partial r}{\partial \eta}(\xi_c,\eta_c) \cdot [t - r(\xi_c,\eta_c)] = 0 \end{array}\right\} \qquad (3\text{-}44)$$

联立求解,可以求得接触点 C 的坐标(ξ_c,η_c)。

(4)检查从节点 n_s 是否穿透主片。

如果有下式成立:

$$l = n_i \cdot [t - r(\xi_c,\eta_c)] < 0 \qquad (3\text{-}45)$$

则表示从节点 n_s 穿透含有接触点的主片 S_i,如图 3-10 所示。式(3-45)中 n_s 是在接触点 $C(\xi_c,\eta_c)$ 处主片 S_i 的外向法线单位矢量,其计算式为

$$n_i = \dfrac{\dfrac{\partial r}{\partial \xi}(\xi_c,\eta_c) \times \dfrac{\partial r}{\partial \eta}(\xi_c,\eta_c)}{\left| \dfrac{\partial r}{\partial \xi}(\xi_c,\eta_c) \times \dfrac{\partial r}{\partial \eta}(\xi_c,\eta_c) \right|} \qquad (3\text{-}46)$$

如果 $i \geqslant 0$,即从节点 n 没有穿透主表面,则不用做任何处理,从节点 n_s 的搜索结束。

(5)如果从节点 n_s 穿透主片 S_i,即 $i<0$,则在从节点 n_s 和接触点 $C(\xi_c,\eta_c)$ 之间附加一个法向接触力矢量 f_s。

$$f_s = - l k_i n_i \qquad (3\text{-}47)$$

式中:f_s 为主片 S 的刚度因子,按下式进行计算:

$$k_i = \dfrac{f K_i A_i^2}{V_i} \qquad (3\text{-}48)$$

式中:k_i、V_i 和 A_i 分别为主片 S_i 所在单元的体积模量、体积和主片面积;f 为接触刚度比例因子,可取 0.10,f 取值过大时,可能导致数值计算的不稳定,除非缩短时间步长。

在从节点 n_s 上附加法向接触力矢量 f_s,再根据作用与反作用原理,在主片 S_i 的接触点 C 上作用一个反方向的力 f_s。可以按下式计算等效作用到主片 S_i 的 4 个主节点的上接触力 f_{jm},$j=1,2,3,4$(单元第 j 个节点):

$$f_{jm} = - \phi_j(\xi_c,\eta_c) f_s = \phi_j(\xi_c,\eta_c) l k_i n_i \qquad j = 1,2,3,4 \qquad (3\text{-}49)$$

式中:$\phi_j(\xi_c,\eta_c)$ 为主片 S_i 的二维形函数在接触点 $C(\xi_c,\eta_c)$ 的值,且有

$$\sum_{j=1}^4 \phi_j(\xi_c,\eta_c) = 1 \qquad (3\text{-}50)$$

(6)摩擦力计算。

从节点 n_s 的法向接触力为 f_s,则它的最大摩擦力值为

$$F_y = \mu \left| f_s \right| \qquad (3\text{-}51)$$

式中:μ 为摩擦系数。

设在上一步 t_n 从节点 n_s 的摩擦力为 F^m,则当前步 t_{n+1} 可能产生的摩擦力(或称试探摩擦力)F^* 为

$$F^* = F^n - k\Delta e \tag{3-52}$$

式中：k 为界面刚度。

$$\Delta e = r^{n+1}(\xi_c^{n+1}, \eta_c^{n+1}) - r^{n+1}(\xi_c^n, \eta_c^n) \tag{3-53}$$

前步 t_{n+1} 的摩擦力 F^{n+1} 根据下式计算：

$$\left.\begin{aligned} F^{n+1} &= F^* & \text{若} \ \left| F^* \right| \leqslant F_y \\ F^{n+1} &= \frac{F_y F^*}{\left| F^* \right|} & \text{若} \ \left| F^* \right| > F_y \end{aligned}\right\} \tag{3-54}$$

最后按作用与反作用原理，计算对应主片 S_i 上 4 个主节点的摩擦力。

若静摩擦系数为 μ_s，动摩擦系数为 μ_d，则用指数插值函数使两者平滑过渡：

$$\mu = \mu_d + (\mu_s - \mu_d)e^{c|V|} \tag{3-55}$$

式中：$V = \Delta u / \Delta t$，Δt 为时间步长；c 为衰减系数。

由库仑摩擦造成的剪应力，在某些情况下，该数值可能非常大，以致超过材料承受这么大剪应力的能力。程序采用某种限制措施，令

$$f^{n+1} = \min(f_c^{n+1}, kA_i) \tag{3-56}$$

式中：f^{n+1} 是按式（3-54）考虑库仑摩擦计算的 t_{n+1} 步的摩擦力；A_i 为主片 S_i 的表面积；k 为黏性系数。

（7）将接触力矢量 f_s、$f_{jm}(j=1,2,3,4)$ 和摩擦力矢量投影到总体坐标轴方向，得到节点力总体坐标方向分量，组集到总体载荷矢量 P 中。

对称罚函数法是将上述算法对从节点和主节点分别循环处理。如果仅对从节点循环处理，则称为"分离和摩擦滑动一次算法"。

3.4 数学模型

3.4.1 网格模型

根据大坝和溢洪道设计方案及地质资料，建立了"河谷—大坝"三维有限元网格模型。模型反映结构的主要几何特征和力学特征。模型主要采用实体单元，坝体各分区单元尺寸为 0.5~2 m，溢洪道单元尺寸为 0.5 m，河谷地基单元为 2~30 m。网络模型规模见表 3-8。

表 3-8　网络模型规模

部位	单元（个）	节点（个）	备注
大坝	176 194	90 660	共 161 个单元分区
河谷地基	50 166	28 006	
合计	226 360	118 666	

　　河谷上、下界分别距坝上、下坡脚线 100 m;河谷左、右边界分别距左、右坝肩 150 m、150 m;底界距坝底约 150 m。河谷四周设法向位移约束,底界设固定约束。

　　面板、溢洪道等混凝土结构与坝体的力学特性相差很大,在水压力作用下,面板、溢洪道等混凝土结构与坝体之间可能发生挤压、脱开和滑移,须采用接触算法。

　　结构接触分析,是本书计算的难点和关键。接触具有挤压、摩擦的情况,有分离后再挤压再摩擦的情况,还有界面的一部分接触挤压、摩擦另一部分脱开的情况。

　　笔者根据虚拟单元的计算原理和长期的实践经验,发现采用虚拟单元接触算法进行接触分析时,由于基于单元和接触算法存在天生不足,若不采用切向失效准则,则不能正确反映切向摩擦力,也无法反映同一界面上一部分脱开而另一部分仍然接触的情况,即使脱开了,也只是界面位移增大,拉应力仍然存在,实际上是并没有真正反映脱开;若采用切向失效准则,则不能反映脱开再挤压情况,也无法反映失效后在界面上的滑动,计算收敛十分困难,且当切向滑动不可忽视时,计算精度十分有限,甚至完全不可信。

　　本次研究接触分析采用罚函数法。罚函数法接触分析时,不基于接触单元的概念,而是引入了罚刚度,在界面分析从面节点与主面的位置关系,通过位置关系推求接触力,根据接触力反判位置关系,直到达到平衡。对于双向的面面接触,还判断主面节点与从面的关系。采用罚函数法可较好地反映界面间的挤压、摩擦和分离行为,虽然计算量会大一些,但计算精度高,值得推广和运用。

　　本次接触分析采用改进的带固联失效模式的罚函数接触算法模拟,即在罚函数的基础上,引进了固联失效准则:

$$\left(\frac{|f_s|}{\sigma}\right)^2+\left(\frac{|f_s|}{\tau}\right)^2\geq 1 \tag{3-57}$$

式中:f_s 为接触作用力;τ 为接触面切向应力强度;σ 为接触面法向拉应力强度。

　　混凝土结构与垫层间不考虑黏聚力,界面之间最大的切向作用力由该点处摩擦系数和法向作用力确定,超出时固联失效,从节点在主面上滑动,或主节点在从面上滑动;接触面的抗拉强度取一个微小的接近 0 的值,超出此值,表示发生分离。

　　地基孔隙水压力和超孔隙水压力由渗流计算确定,坝体和坝基的应力场和位移场由流固耦合算法确定。

　　平行于水流方向向下游为 X 轴正向,垂直于水流方向向左岸为 Y 的正向,竖向向上为 Z 的正向,反之相反。三维有限元网格整体模型见图 3-11~图 3-15。

　　计算结果绘图中符号规定如下:

　　(1)竖向位移向上为正,向下为负。

　　(2)顺河向位移以 X 正向为正,指向下游;反之为负。

　　(3)坝轴线方向位移以 Y 轴正向为正,指向左岸;反之为负。

　　(4)压应力为正,拉应力为负。

3.4.2　本构模型主要计算参数取值

　　模型涉及的材料分区主要有坝基(基岩)、混凝土、主堆石区、次堆石区、过渡层、垫层等。坝基(基岩)和混凝土结构采用强度控制,计算采用线弹性本构;大坝各分区应力变

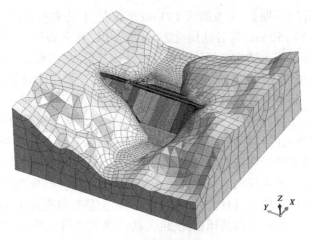

图 3-11　三维有限元网格模型视图 1

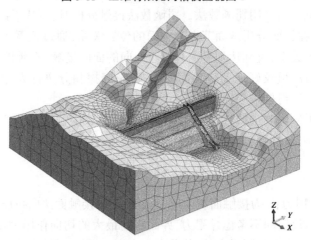

图 3-12　三维有限元网格模型视图 2

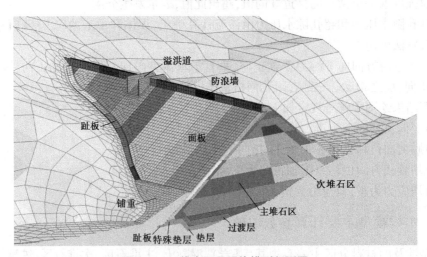

图 3-13　三维有限元网格模型剖面图

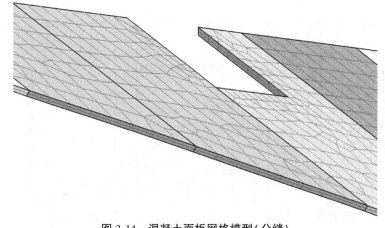

图 3-14　混凝土面板网格模型(分缝)

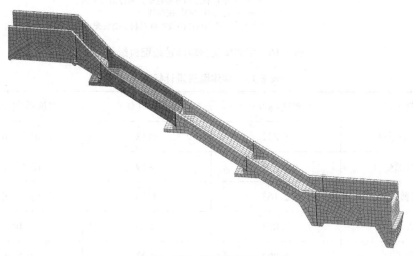

图 3-15　溢洪道网格模型(分缝)

形非线性特性明显,根据《碾压式土石坝设计规范》(SL 274—2020),推荐采用非线性弹性本构邓肯-张模型。

坝基(基岩)和混凝土结构线弹性本构参数见表3-9。

表 3-9　坝基(基岩)和混凝土主要参数

部位	弹性模量 E(GPa)	变形模量 E_0(GPa)	泊松比 ν	容重 γ(kN/m³)
弱风化层	—	5.0	0.3	25
混凝土	28.0	—	0.2	25

菲古水库大坝堆石料颗料级配要求见图3-16,坝体填筑设计标准见表3-10。

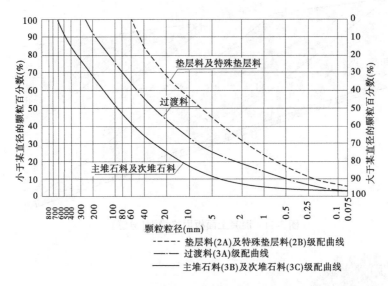

图 3-16　坝体填筑材料颗粒级配曲线

表 3-10　坝体填筑设计标准

材料分区	干密度（g/cm³）	孔隙率（%）	渗透系数（cm/s）
特殊垫层区	2.222	≤18	$10^{-4} \sim 10^{-3}$
垫层区	2.189	≤19	$10^{-4} \sim 10^{-3}$
过渡区	2.163	≤20	$10^{-2} \sim 10^{-1}$
主堆石区	2.083	≤23	$>10^{-1}$
次堆石区	2.002	≤23	无要求

　　菲古水库大坝堆石料按设计要求做了填筑试验,受条件限制未进行本构模型的参数试验,因此本构模型的参数只能根据类似工程经验类比确定。菲古水库大坝堆石区为灰岩料,据查,九甸峡面板堆石坝、水布垭面板堆石坝和洪家渡面板堆石坝的堆石料材料也为灰岩料,填筑标准也与菲古水库大坝相似,并进行了材料本构参数试验,因此其材料参数具有较高的参考价值。

3.4.2.1　九甸峡水利枢纽工程

　　九甸峡水利枢纽工程位于甘肃省黄河支流洮河中游的九甸峡峡谷进口段,是国内建在深厚覆盖层上的最高面板坝,水库库容 9 亿 m³,电站装机容量 300 MW,年发电量达 10 亿 kW·h。最大坝高 136 m,坝顶长 232 m,河床趾板置于覆盖层上。坝长与坝高比为 1.74,属狭窄河谷面板堆石坝。该坝堆石料材料为灰岩料,材料试验参数见表 3-11。

表 3-11　九甸峡面板堆石坝堆石料材料本构模型参数（灰岩）

部位	容重 γ (kN/m³)	黏聚力 c (kN/m²)	内摩擦角 φ (°)	K	n	R_f	K_{ur}	M
主堆石区	22.0	0	50.9	1 200	0.53	0.80	2 800	0
次堆石区	21.6	0	50.9	1 020	0.53	0.79	2 240	0
过渡层	22.5	0	54.1	1 300	0.55	0.90	3 000	0
垫层	22.8	0	58.1	1 550	0.43	0.77	3 500	0.41

3.4.2.2　水布垭水利枢纽

水布垭水电站坝址位于清江中游的巴东县水布垭镇，是清江梯级开发的龙头枢纽。水库总库容 45.8 亿 m³，装机容量 1 840 MW，是以发电为主，兼顾防洪、航运等的水利枢纽工程。枢纽挡水建筑物为面板堆石坝，大坝坝顶高程 409 m，正常蓄水位 400 m，坝轴线长 660 m，最大坝高 233 m，为目前世界最高的面板堆石坝。该坝堆石料材料为灰岩料，材料试验参数见表 3-12。

表 3-12　水布垭面板堆石坝堆石料材料本构模型参数（灰岩）

部位	容重 γ (kN/m³)	黏聚力 c (kN/m²)	内摩擦角 φ (°)	K	n	R_f	K_b	M
主堆石区	21.5	0	52	1 100	0.35	0.82	600	0.10
次堆石区	21.5	0	50	850	0.25	0.80	400	0.05
过渡层	21.8	0	54	1 000	0.40	0.85	650	0.15
垫层	22.0	0	56	1 200	0.45	0.78	750	0.20

3.4.2.3　洪家渡水电站面板堆石坝

洪家渡水电站位于贵州西北部黔西、织金两县交界处的乌江干流上，是乌江水电基地 11 个梯级电站中唯一对水量具有多年调节能力的"龙头"电站，电站大坝高 179.5 m，水库总库容 49.47 亿 m³。最大坝高 179.5 m，坝顶长 427.79 m，宽高比 2.38，属狭窄河谷面板堆石坝，是 2000 年列入"西电东送"首批开工的重点建设项目。该坝堆石料材料为灰岩料，材料试验参数见表 3-13。

表 3-13　洪家渡面板堆石坝堆石料材料本构模型参数（灰岩）

部位	容重 γ (kN/m³)	黏聚力 c (kN/m²)	内摩擦角 φ (°)	K	n	R_f	K_b	M
主堆石区	22.2	0	57.0	1 100	0.55	0.929	560	0.47
次堆石区	21.6	0	52.8	1 250	0.63	0.918	530	0.30
过渡层	22.3	0	59.7	1 400	0.59	0.925	530	0.56
垫层	22.0	0	56.0	1 340	0.59	0.882	650	0.18

类比以上 3 个项目的试验数据,并根据经验和实际情况进行适当修正,确定菲古水库大坝本构的计算参数,详见表 3-14。

表 3-14　本工程堆石料材料本构模型参数(灰岩)

部位	容重 γ (kN/m³)	黏聚力 c (kN/m²)	内摩擦角 φ (°)	K	N	R_f	K_{ur}	K_b	M
主堆石区	21.5	0	52.0	1 000	0.30	0.82	2 980	500	0.12
次堆石区	20.0	0	48.0	600	0.35	0.76	2 200	300	0.05
垫层	22.0	0	51.0	950	0.40	0.70	3 300	750	0.20
特殊垫层	22.0	0	54.0	1 000	0.42	0.72	3 500	800	0.22
铺盖压重	20.0	0	28.0	330	0.45	0.93	2 000	600	0.05
过渡层	22.0	0	45.0	900	0.30	0.80	3 000	450	0.15

3.4.3　计算工况与荷载组合

根据研究目的,选取完建情况和挡校核洪水情况两个主要的控制工况进行分析,计算工况与荷载组合见表 3-15。

表 3-15　计算工况与荷载组合

主要考虑工况	大坝上游水位(m)	大坝下游水位(m)	荷载				
			自重	静水压力	扬压力	动水压力	地震作用
完建情况	—	—	√	—	—	—	—
校核洪水位情况	1 698.11	1 652.61	√	√	√	—	—

模型中的静水压力、扬压力、孔隙水压力(含超孔隙水压力)均可以由渗流计算确定。水对坝基、坝肩和结构的作用,均由孔隙水压力表达。

材料自重取天然重度,当存在渗流场时,材料存在孔隙水压力和超孔隙水压力,采用流固耦合算法实现天然重度与渗场作用叠加。流固耦合算法增加了计算量,但在模型参数输入时,不再区分浮容重、湿容重及饱和容重,减少了前处理工作量,且更反映实际情况。

3.4.3.1　计算边界条件

结构边界:地基四周及底部法向位移约束。

渗流边界:地基的初始渗流场由地基的初始地下水位确定,后续的挡水渗流计算和应力变形均以此状态为基准。完建工况时地基水头边界为初始地下水位;挡水工况时上游水头边界为校核洪水位 1 698.11 m,下游水头边界为相对应水位 1 652.61 m。

3.4.3.2　计算步骤

坝体的应力和变形与填筑路径有关,因此根据施工组织设计及结构应力变形特点,计算按筑坝过程分步进行。为了减少坝体变形对溢洪道和面板引起的影响,设坝基和坝体的沉降基本稳定后再进行溢洪道结构施工;溢洪道施工完成后,再进行附近混凝土面板的浇筑,最后进行盖重施工,以减少面板的次生应力。

主要计算步骤见表 3-16。

表 3-16　分步计算过程

序号	计算内容
1	计算河谷地应力,并进行地应力初始化
2~10	坝体分 7 级堆载
11	充分沉降
12~15	溢洪道分段施工
16	充分沉降
17	面板施工
18	盖重施工(完建)
19	挡水工况计算(校核洪水位)

这里的渗流计算一方面用来分析坝体、坝基的渗流情况,另一方面获得的孔隙水压力作为大坝挡水情况的荷载。

校核洪水位时,上游水头边界为校核洪水位 1 698.11 m,下游水头边界为相对应水位 1 652.61 m,水头差 45.5 m,上下游水位差最大,为大坝的渗流控制工况。

面板堆石坝的防渗系统由面板、趾板、防渗帷幕、坝基及两岸坝肩组成。计算表明,库区总水头高,并向坝下游河谷递减;水力梯度主要集中在面板下部和趾板,防渗帷幕顶部也有较大的水力梯度,水力梯度最大值为 19.98,发生在河床处趾板及附近的面板处;坝趾附近的地基也存在较大的水力梯度,由于帷幕阻挡,地基流线绕坝指向下游,这与设计思路相印证。

水头分布见图 3-17~图 3-20,水力梯度分布见图 3-21、图 3-22,坝基和坝肩的三维渗流流线分布见图 3-23。

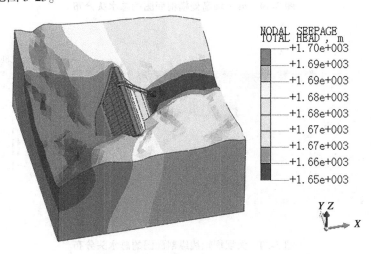

图 3-17　总水头分布侧视图

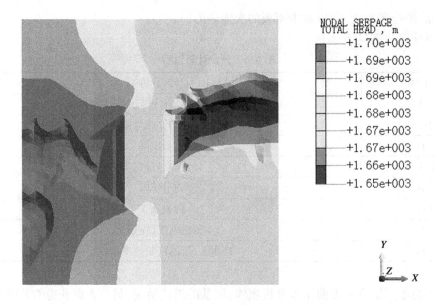

图 3-18　1/2 坝高水平截面处的总水头分布

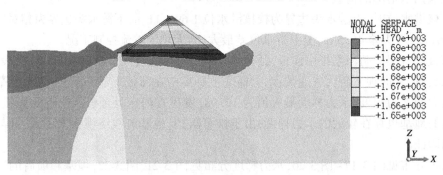

图 3-19　最大坝高处横剖面图的总水头分布

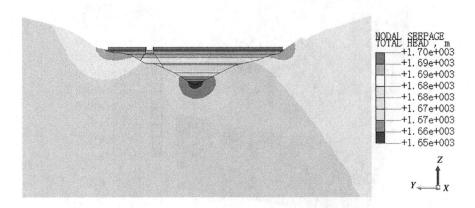

图 3-20　大坝坝轴线纵剖面图的总水头分布

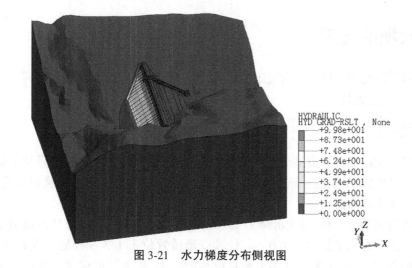

图 3-21　水力梯度分布侧视图

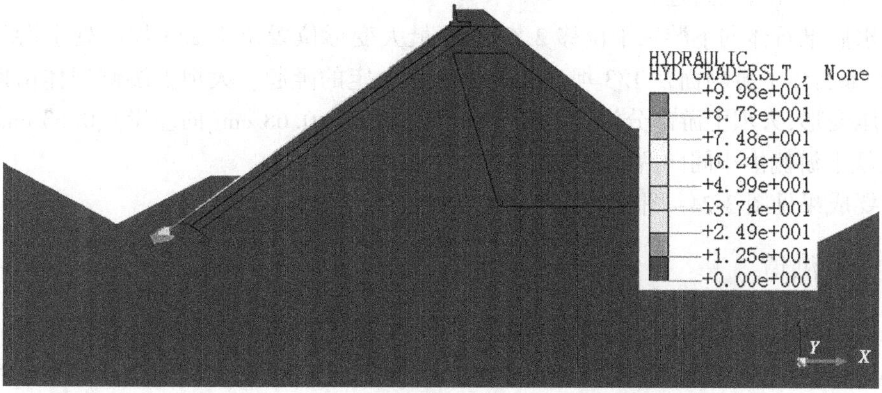

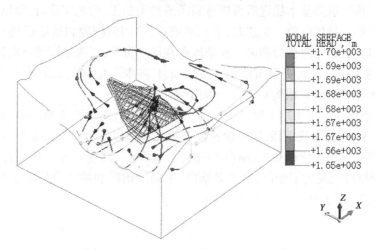

图 3-22　最大坝高坝体横断面水力梯度分布

图 3-23　坝基和坝肩的三维渗径

3.5　大坝的变形

正常蓄水情况和校核洪水情况下的位移均为完建情况下的增量值,下同。位移以坐标轴正为正,反之为负。

3.5.1　填筑体

为了减少坝体变形对溢洪道和面板引起的影响,设坝基和坝体的沉降基本稳定后再进行溢洪道结构施工;溢洪道施工完成后,再进行附近混凝土面板的浇筑和盖重施工,以减少面板的次生应力。

坝体填筑完毕时,坝体最大沉降为 19.3 cm,最大沉降位置位于 2/3 坝高处次堆石区附近。向下游最大水平位移为 7.0 cm,最大变形位置位于 1/3 坝高处次堆石区附近;向上游水平位移 4.9 cm,水平位移小于垂直位移的一半,最大变形位置大致位于 1/3 坝高处靠近上游主堆石区附近。

蓄水后堆石体向下游水平位移 2.61 cm,最大变形位置位于 2/3 坝高处上游坝坡表面附近;堆石体下游坝面在 1/3 坝高处附近存在一定的隆起。大坝上游侧坝体由两侧向中间挤压变形,大坝上游部分沿坝轴线方向最大位移为 0.68 cm(向左岸)、0.63 cm(向右岸);大坝下游侧由中间向两侧张开。

主要成果见图 3-24~图 3-36。

3.5.2　溢洪道

溢洪道由溢流堰段、第一泄槽段、第二泄槽段、第三泄槽段、第四泄槽段和挑流段组成。其中,溢流堰段、第一泄槽段和第二泄槽段建基于坝体,第三泄槽段、第四泄槽段和挑流段建基于基岩。

坝基和坝体的沉降基本稳定后再进行溢洪道结构施工,因此完建时,溢洪道的变形主要由其自重作用于坝体所致。完建时,第三泄槽段、第四泄槽段和挑流段建基于基岩,变位微小;溢流堰段、第一泄槽段和第二泄槽段存在微小沉降,溢流堰段整体向河谷倾斜,闸顶左右高差约 3 mm,最大竖向沉降为 1.32 cm,Y 向水平位移最大值为 0.40 cm(向右岸),顺河向水平位移最大值为 0.73 cm(向下游)。

挡水时,坝体在水压作用下发生变形,即上游坡向下、向下游变形,下游坡向上、向下游变形(见图 3-38)。溢流堰段、第一泄槽段和第二泄槽段发生向下游变形,并微小上抬,其中溢流堰段最大水平位移 9.3 mm(向下游),流段堰上游端下沉 3.9 mm,下游段上抬 4.2 mm;各泄槽段也发生了变位;第三泄槽段、第四泄槽段和挑流段建基于基岩,变位微小,详见图 3-37~图 3-41。

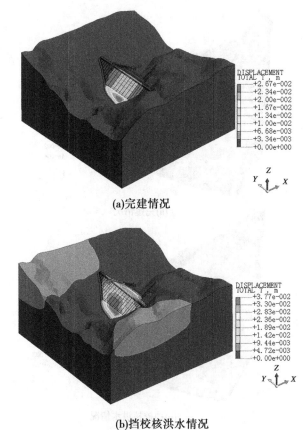

(a)完建情况

(b)挡校核洪水情况

图 3-24　总位移分布

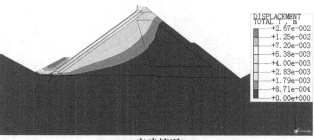

(a)完建情况

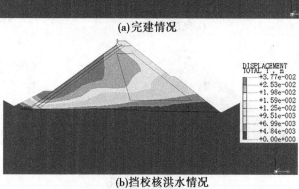

(b)挡校核洪水情况

图 3-25　总位移(剖面)

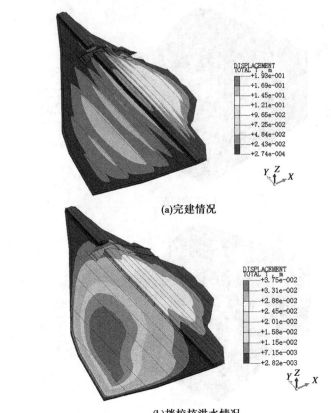

(a)完建情况

(b)挡校核洪水情况

图 3-26　堆石体总位移

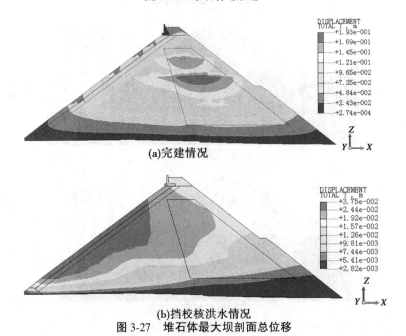

(a)完建情况

(b)挡校核洪水情况

图 3-27　堆石体最大坝剖面总位移

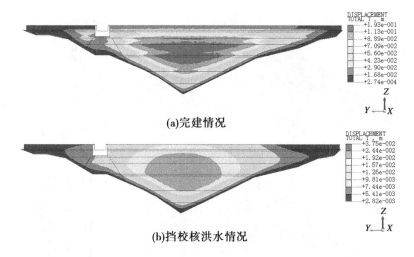

(a)完建情况

(b)挡校核洪水情况

图 3-28 坝轴线纵剖面总位移

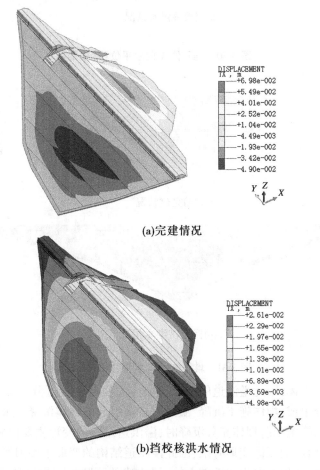

(a)完建情况

(b)挡校核洪水情况

图 3-29 堆石体 X 向水平位移

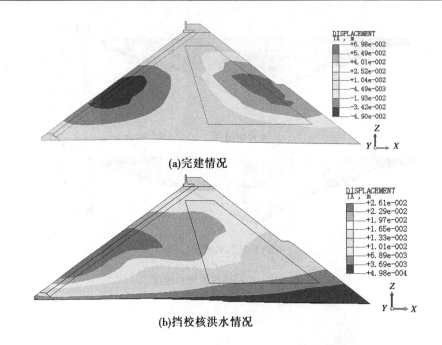

(a)完建情况

(b)挡校核洪水情况

图 3-30 堆石体 X 向水平位移(横剖面)

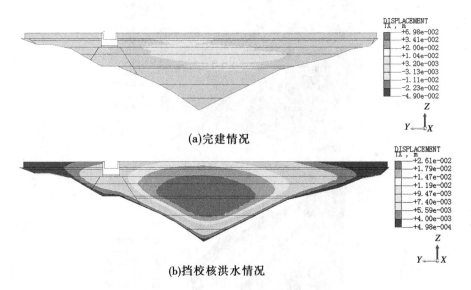

(a)完建情况

(b)挡校核洪水情况

图 3-31 堆石体 X 向水平位移(纵剖面)

　　溢洪道建于坝体,因此溢洪道的变形与坝体的变形密不可分。溢洪道附近坝体的变形主要由三部分组成:坝体施工沉降、溢洪道自重引起的坝体沉降和水压力引起的坝体变形。当溢洪道结构施工前坝体充分沉降时,溢洪道结构的变形主要由后两者引起,由于溢洪道结构较轻,引起的坝体变形有限,因此溢洪道结构的变形主要因素为水压力引起的坝体变形,并且这种变形方向为向下游上抬;坝体建基面陡峭或坝体填筑不均匀时,会加剧坝体变形的不均匀性,引起溢洪道结构的不均匀变形。

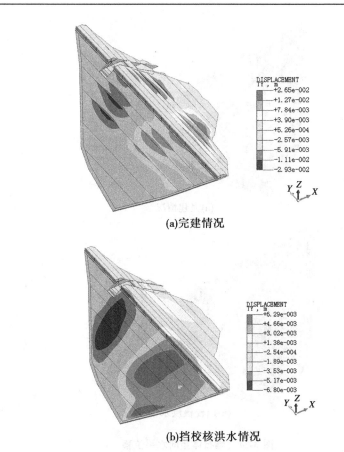

(a)完建情况

(b)挡校核洪水情况

图 3-32　堆石体 Y 向水平位移

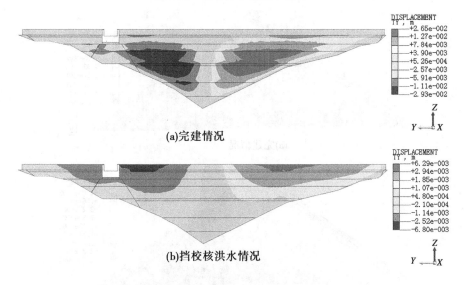

(a)完建情况

(b)挡校核洪水情况

图 3-33　堆石体 Y 向水平位移(纵剖面)

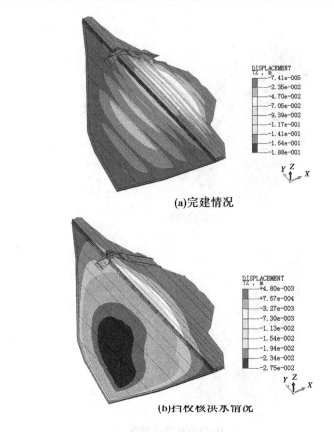

(a)完建情况

(b)挡校核洪水情况

图 3-34　堆石体竖向水平位移

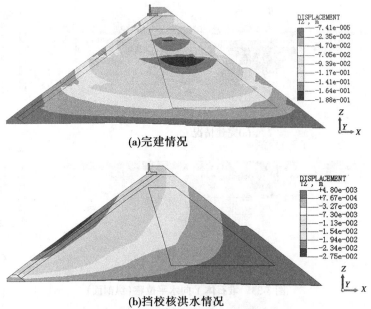

(a)完建情况

(b)挡校核洪水情况

图 3-35　堆石体竖向水平位移(横剖面)

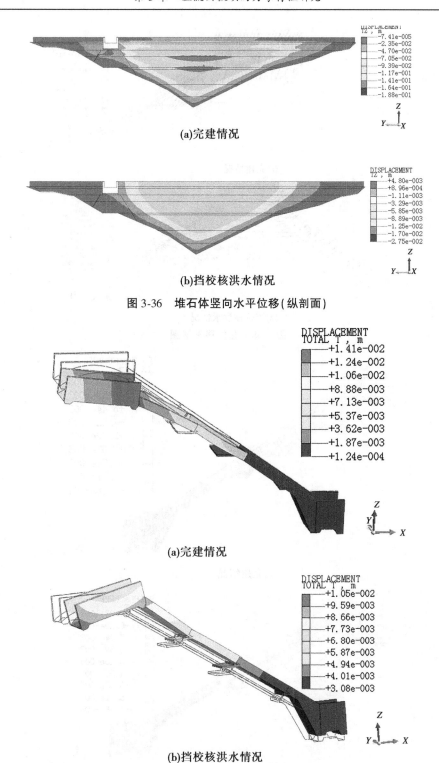

(a)完建情况

(b)挡校核洪水情况

图 3-36　堆石体竖向水平位移(纵剖面)

(a)完建情况

(b)挡校核洪水情况

图 3-37　总水平位移

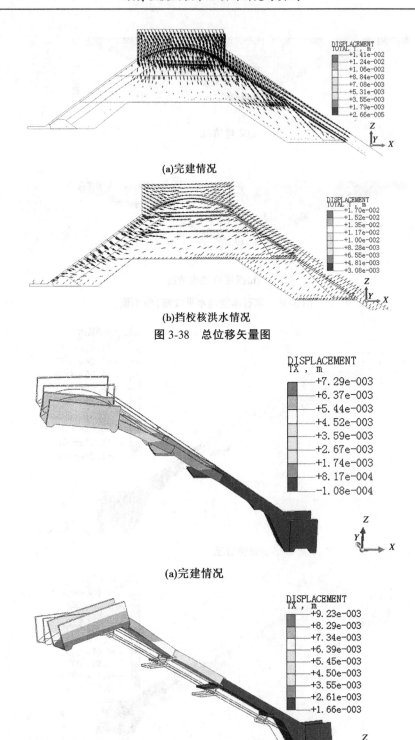

(a)完建情况

(b)挡校核洪水情况

图 3-38　总位移矢量图

(a)完建情况

(b)挡校核洪水情况

图 3-39　溢洪道 X 向位移

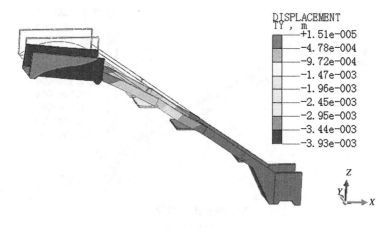

(a)完建情况

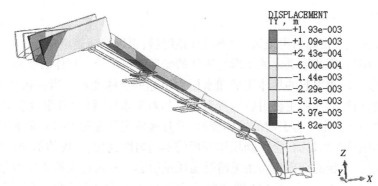

(b)挡校核洪水情况

图 3-40　溢洪道 Y 向位移

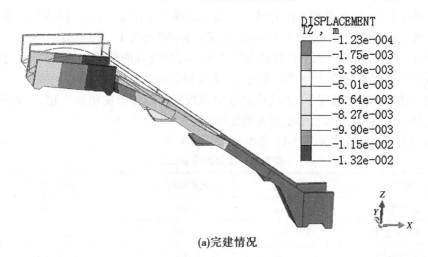

(a)完建情况

图 3-41　溢洪道竖向位移

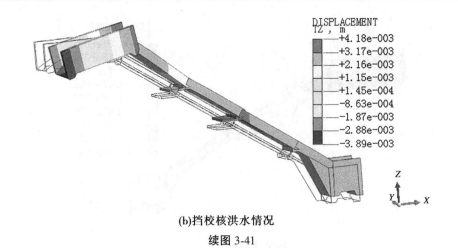

(b)挡校核洪水情况

续图 3-41

3.5.3　面板

面板是坝体充分沉降后再浇筑,达到设计强度后,再进行铺盖填筑。

面板建于坝体,因此溢洪道的变形与坝体的变形密不可分。坝体的变形主要组成:坝体施工沉降、铺盖压重引起的坝体变形和水压力引起的坝体变形。当面板结构施工前坝体充分沉降时,面板的变形主要由后两者引起。相对于水压,铺盖自重效应较小,因此面板变形的主要因素为水压力引起的坝体变形,并且这种变形方向为向下游下沉;坝体建基面陡峭或坝体填筑不均匀时,会加剧坝体变形的不均匀性,引起面板的不均匀变形。

完建情况时,面板的变形主要由上游铺盖压重引起。面板在盖重的压力作用下下沉,竖向最大沉降为 1.04 cm,位于 1/3 坝高附近;两侧面板有向河谷中间挤压的趋势,Y 向变形很小,最大变形量为 0.1 cm;靠近趾板附近面板有微小的翘起,向上游最大位移 0.68 cm;靠近坝顶面板向下游变形的最大值为 0.04 cm。

挡校核洪水时,面板受到水压力最大。由于河谷左缓右陡,面板位移的最大值发生在河床偏左处,面板挠度最大值为 3.77 cm,出现在 10#面板的 1/3 坝高处。面板竖向变形最大值为 2.91 cm,顺河向水平位移最大值 2.52 cm 出现在面板的 1/3 坝高处,两侧面板有向河谷中间挤压的趋势,Y 向变形很小,最大变形量为 0.6 cm。

在完建情况和挡水情况下,溢洪道附近的面板变形趋势未见明显变化,这表明,直接在坝体上修建溢洪道,对面板的变形无明显影响。

面板的主要位移成果见表 3-17 和图 3-42~图 3-45。

表 3-17　面板的主要位移

项目	单位	完建情况	校核洪水情况
总位移	cm	1.09	3.77
X 向水平位移	cm	−0.68	2.52
Y 向水平位移	cm	0.10	−0.64
竖直向变形	cm	−1.04	−2.91

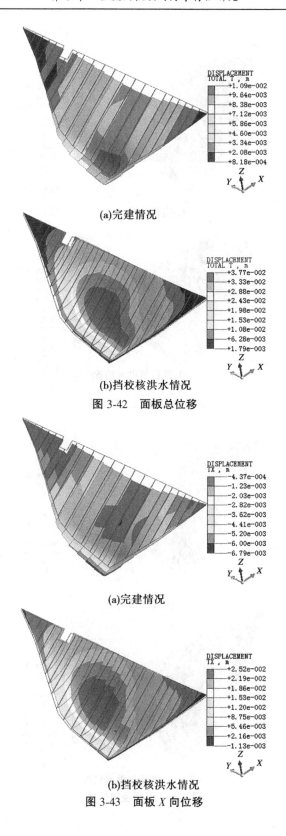

(a)完建情况

(b)挡校核洪水情况

图 3-42　面板总位移

(a)完建情况

(b)挡校核洪水情况

图 3-43　面板 X 向位移

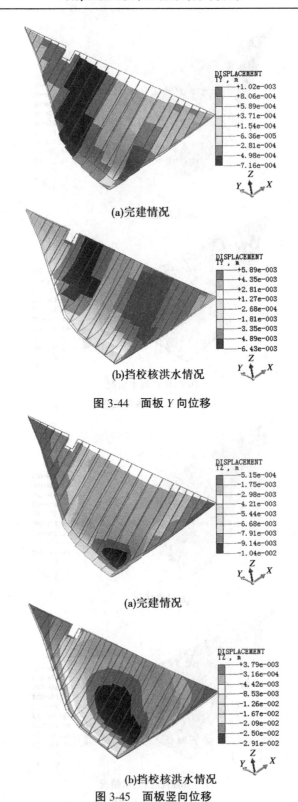

(a)完建情况

(b)挡校核洪水情况

图 3-44　面板 Y 向位移

(a)完建情况

(b)挡校核洪水情况

图 3-45　面板竖向位移

3.5.4　分缝

缝主要包括周边缝、垂直缝和面板与溢流堰之间的缝,见图 3-47。面板共 23 块,从左岸向右岸编号依次为 1#~23#,如图 3-46 所示。

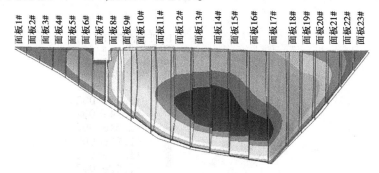

图 3-46　面板编号与缝

经分析,库水位越高,缝的张压特征越突出,因此这里仅对校核洪水情况进行展列和分析。

3.5.4.1　周边缝

周边缝均为张缝,在水压力的作用下,面板翘曲变形,与趾板、防浪墙的接触面均有一定程度的错开。由于坝体整体向下变形,坝体上部周边缝张开量大于下部周边缝。周边缝张开量的最大值在 8#面板与趾板之间,最大值为 9.0 mm。

面板与溢流堰之间的缝为压性缝。面板中部下凹,靠近两岸的面板向中间挤压,与趾板之间横向错动,12#面板与趾板之间横剪量最大值为 4.8 mm。周边缝张开量和横剪量见表 3-18。

表 3-18　周边缝张开量和横剪量

位置	张开量（mm）	横剪量（mm）	位置	张开量（mm）	横剪量（mm）
1#面板—趾板	7.8	0.8	13#面板—趾板	6.3	3.6
2#面板—趾板	7.7	1.0	14#面板—趾板	4.5	3.2
3#面板—趾板	7.0	1.0	15#面板—趾板	4.5	3.1
4#面板—趾板	6.8	2.4	16#面板—趾板	6.3	2.8
5#面板—趾板	7.4	1.4	17#面板—趾板	7.5	2.4
6#面板—趾板	8.0	1.9	18#面板—趾板	6.5	2.0
7#面板—趾板	8.7	2.1	19#面板—趾板	5.6	1.6
8#面板—趾板	9.0	1.9	20#面板—趾板	7.0	1.2
9#面板—趾板	7.9	2.1	21#面板—趾板	6.4	1.1
10#面板—趾板	6.3	3.6	22#面板—趾板	6.2	1.0
11#面板—趾板	4.5	4.0	23#面板—趾板	6.8	0.7
12#面板—趾板	3.8	4.8			

3.5.4.2　垂直缝

　　垂直缝整体变位趋势左右相同,垂直缝中部均为张缝,下部为压缝,见图3-47;溢洪道对垂直缝的张压规律没有明显影响。张缝最大张开量发生在 8#面板—9#面板之间,最大张开量为 2.2 mm。选用止水时,应大于最大张开量,并留有一定的安全富余。各垂直缝张开量见表3-19。

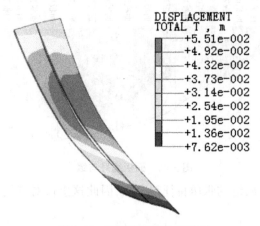

DISPLACEMENT
TOTAL T , m
+5.51e-002
+4.92e-002
+4.32e-002
+3.73e-002
+3.14e-002
+2.54e-002
+1.95e-002
+1.36e-002
+7.62e-003

图 3-47　溢洪道处面板垂直缝

表 3-19　垂直缝的张开量

面板垂直缝	张开量（mm）	压缩量（mm）	面板垂直缝	张开量（mm）	压缩量（mm）
1#面板—2#面板	0.4	0	12#面板—13#面板	0	-2.8
2#面板—3#面板	0.5	0	13#面板—14#面板	0	-3.2
3#面板—4#面板	0.8	0	14#面板—15#面板	0	-3
4#面板—5#面板	1	0	15#面板—16#面板	0	-2.6
5#面板—6#面板	1	0	16#面板—17#面板	1.4	-2.2
6#面板—7#面板（溢洪道）	1.5	0	17#面板—18#面板	1.1	-0.3
7#面板—8#面板（溢洪道）	1.6	0	18#面板—19#面板	1.1	0
8#面板—9#面板	2.2	0	19#面板—20#面板	1.1	0
9#面板—10#面板	2	-0.6	20#面板—21#面板	1.3	0
10#面板—11#面板	1.5	-1.6	21#面板—22#面板	1.8	0
11#面板—12#面板	0	-2.6	22#面板—23#面板	1.4	0

3.5.4.3　溢洪道结构之间的缝

计算假设溢洪道结构是在坝体充分沉降后浇筑的。完建时,溢洪道结构变位微小。挡水时,坝体变形引起了各结构段的变位。经计算,挡水时溢流堰段与第一泄槽段之间的竖向缝错动最大,为 5.9 mm;第一泄槽段与第二泄槽段之间缝次之,为 4.5 mm。第三泄槽段、第四泄槽段和挑流段建基于基岩,相对位移微小。溢洪道结构之间的缝的错动与高程和建基情况有关:高程越高,错动越大;坝上的缝的错动较基岩上的缝要大。

溢洪道结构缝的错动见表 3-20。

表 3-20　溢洪道结构缝的错动

缝的位置	竖直向错动(mm)	水平向错动(mm)
溢流堰段与第一泄槽段	5.9	3.5
第一泄槽段与第二泄槽段	4.5	2.4
第二泄槽段与第三泄槽段	1.5	1.2
第三泄槽段与第四泄槽段	0.6	0.2
第三泄槽段与挑流段	0.1	0

3.6　大坝的应力情况

计算成果中压应力为负,拉应力为正。

3.6.1　堆石体

坝体完建时,坝体应力主要集中在主堆石区的底部区,次堆石区的下部次之。由于主、次堆石区模量的差异,主、次竖向变位存在差异,因而在主、次堆石区的界面存在应力突变。为了提高坝体变形的协调性,主、次堆石区的模量应尽可能接近。

挡水时,由于水压力的作用,压应力极值区域较完建情况略往上移。压应力经坝体传递分散,因此压应力极值与完建期相比增量不大,最大主压应力为 1.08 MPa,位于坝轴线附近堆石体底部折角处,小于堆石体材料的允许抗压强度。挡水时,垫层、过渡区和主堆石区的应力增加明显,次堆石区应力变化不大。一方面,水压力作用在坝体前部主堆石区,受力更直接,经坝体应力扩散,对位移下游的次堆石区影响较小;另一方面,主堆石区的模量大、刚度大,承担了主要的水压力。溢洪道处下部的坝体应力与周边坝体应力没有明显的差异。

大坝堆石区的应力与坝高、上游水压力有关。坝高越大,水压超大,压力也越大。

坝体应力分布见图 3-48~图 3-56。

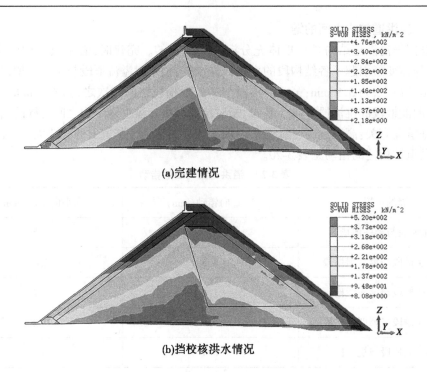

(a)完建情况

(b)挡校核洪水情况

图 3-48　最大坝高断剖面 Mises 应力

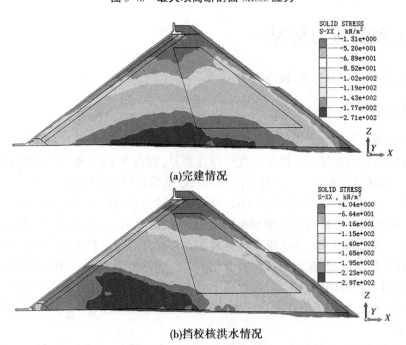

(a)完建情况

(b)挡校核洪水情况

图 3-49　最大坝高断剖面 X 向应力

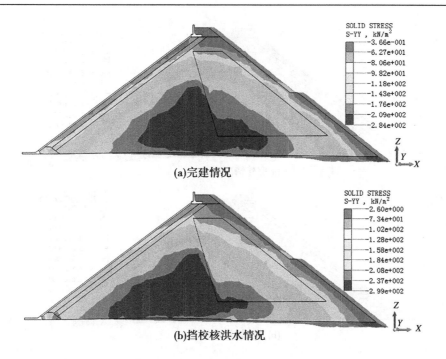

图 3-50　最大坝高断剖面 Y 向应力

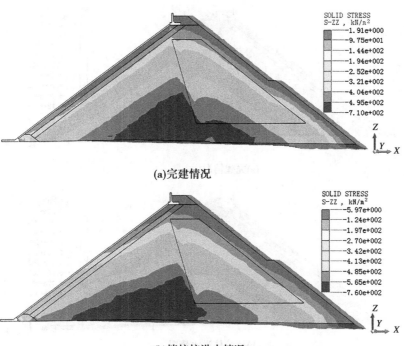

图 3-51　最大坝高断剖面竖向应力

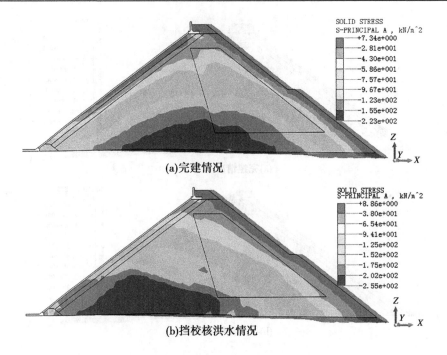

(a)完建情况

(b)挡校核洪水情况

图 3-52　最大坝高横剖面第一主应力

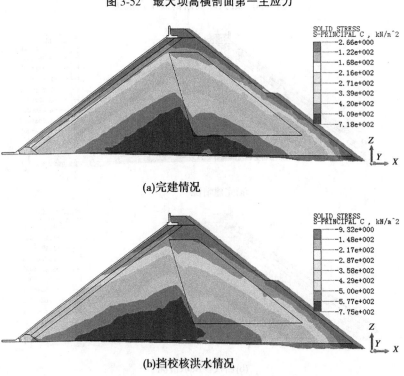

(a)完建情况

(b)挡校核洪水情况

图 3-53　最大坝高横剖面第三主应力

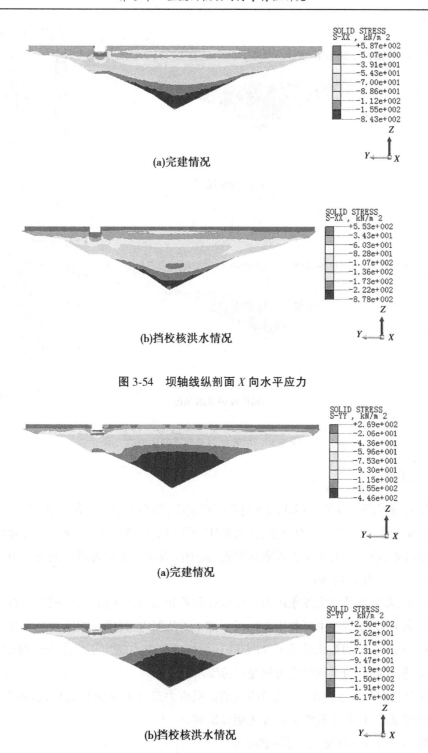

(a)完建情况

(b)挡校核洪水情况

图 3-54　坝轴线纵剖面 X 向水平应力

(a)完建情况

(b)挡校核洪水情况

图 3-55　坝轴线纵剖面 Y 向水平应力

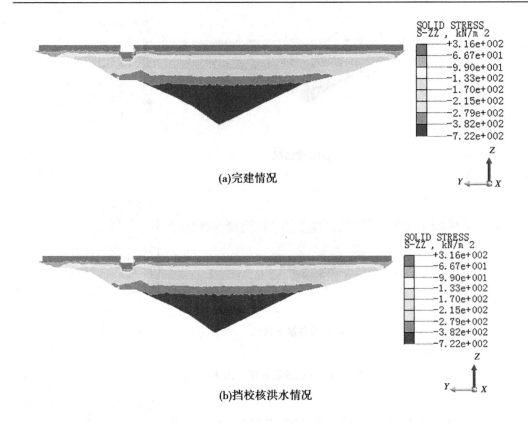

(a)完建情况

(b)挡校核洪水情况

图 3-56　坝轴线纵剖面竖向面应力

3.6.2　面板

　　坝体充分沉降后再进行坝顶溢洪道和面板施工,然后再施工上游的盖重。因此,完建时面板的应力主要由盖重压力引起,在盖重压力作用下坝体和面板共同变形,面板的整体应力水平较低,应力主要集中在盖重区附近,其中面板第一主应力最大值为 1.16 MPa,第三主应力最大值为 1.72 MPa。

　　挡水时,面板承受较大库水压力。面板在盖重和水压力作用下,与坝体共同变形。面板整体的应力水平较低,主要集中在面板下部 1/4 范围内,其中面板第一主应力最大值为 6.73 MPa,第三主应力最大值为 6.73 MPa。面板的拉应力超出了混凝土抗拉强度,须进行强度配筋;配筋后的面板强度可满足规范要求。

　　在完建情况和挡水情况,溢洪道附近的面板应力趋势未见明显变化,这表明,直接在坝体上修建溢洪道,对面板的应力并无明显影响。

　　面板的应力分布详见图 3-57~图 3-61。

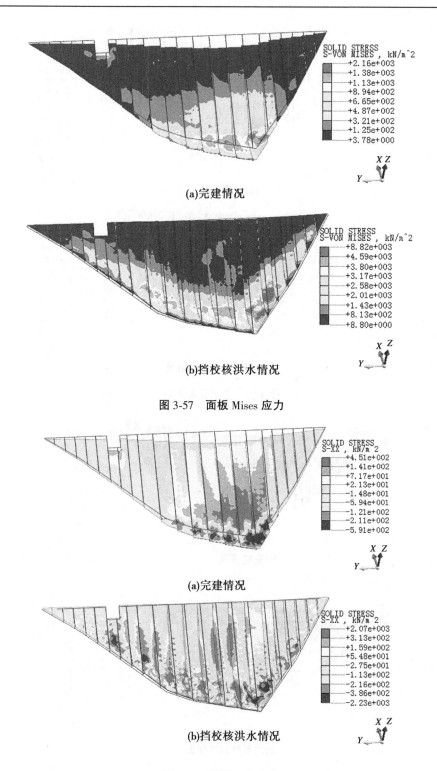

(a)完建情况

(b)挡校核洪水情况

图 3-57　面板 Mises 应力

(a)完建情况

(b)挡校核洪水情况

图 3-58　面板 X 向应力

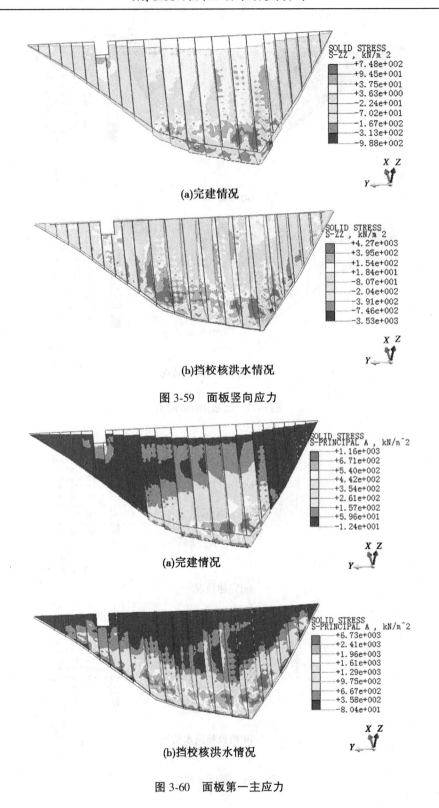

(a)完建情况

(b)挡校核洪水情况

图 3-59　面板竖向应力

(a)完建情况

(b)挡校核洪水情况

图 3-60　面板第一主应力

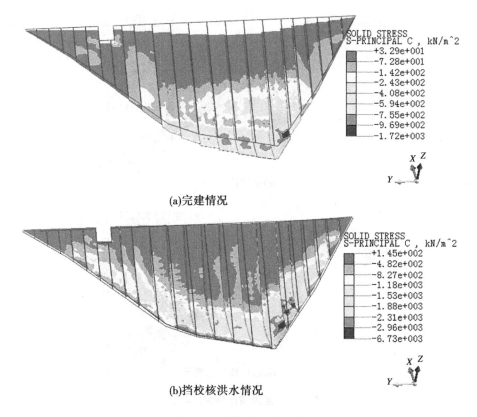

(a)完建情况

(b)挡校核洪水情况

图 3-61　面板第三主应力

3.6.3　溢洪道

坝基和坝体的沉降基本稳定后再进行溢洪道结构施工,因此完建时,溢洪道的变形主要由其自重作用于坝体所致。完建时,第三泄槽段、第四泄槽段和挑流段建基于基岩,变位微小,应力也很小。溢流堰段、第一泄槽段和第二泄槽段建基于坝体,结构的应力主要由自重引起坝体变形所致,应力水平较低,分布较均匀。上层水平阻滑板、泄槽底板和第一泄槽段、第二泄槽段的侧墙顶的应力相对较大,拉应力最大值 1.52 MPa,配筋后可满足强度要求。溢流堰的应力集中在边墩根部,主要由侧向坝体土压力引起。

挡水时,坝体下游坡向上、向下游变形。第三泄槽段、第四泄槽段和挑流段建基于基岩,变位微小,应力也很小。溢流堰段、第一泄槽段和第二泄槽段建基于坝体,结构的应力主要由水压引起坝体变形所致。水平阻滑板及其与泄槽链接处应力增长很快,出现集中现象,且拉应力较大,最大值 1.51 MPa;泄槽底板的应力最大值略有增加,位置上移了;第一泄槽段、第二泄槽段的侧墙顶的应力也略有增加。溢流堰的应力集中在边墩根部,右侧边墩根部应力最大。

与完建情况相比,泄槽水平阻滑板、泄槽底的应力有明显增长,需要配筋;其他结构相差不大。

溢洪道的应力分布详见图 3-62~图 3-66。

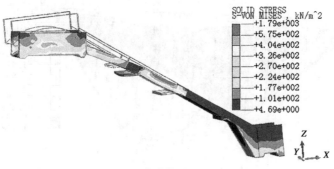

(a)完建情况

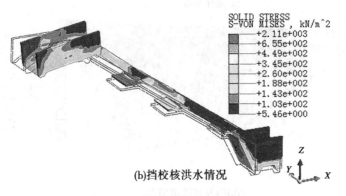

(b)挡校核洪水情况

图 3-62　溢洪道结构 Mises 应力

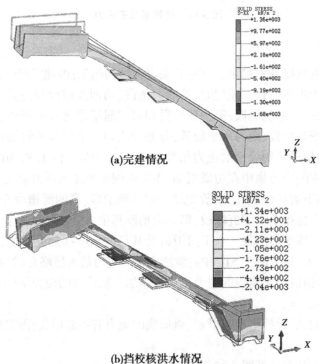

(a)完建情况

(b)挡校核洪水情况

图 3-63　溢洪道结构 X 向应力

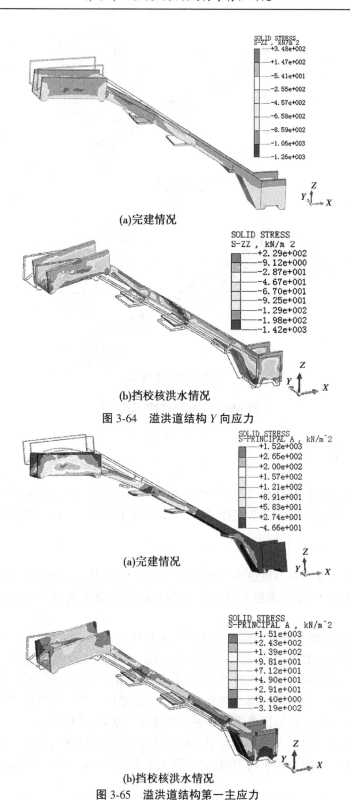

(a)完建情况

(b)挡校核洪水情况

图 3-64　溢洪道结构 Y 向应力

(a)完建情况

(b)挡校核洪水情况

图 3-65　溢洪道结构第一主应力

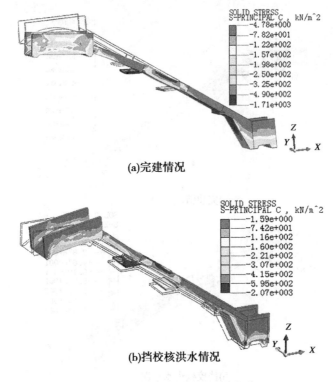

(a)完建情况

(b)挡校核洪水情况

图 3-66　溢洪道结构第三主应力

3.7　小　结

对大坝的施工过程和挡水情况(校核洪水位)进行数值仿真,分析了坝体工作状态。坝体应力和变形符合工程的一般规律,应力与变形分布具有一定的合理性和可靠性。

3.7.1　变形

为了减少坝体变形对溢洪道和面板引起的影响,设坝基和坝体的沉降基本稳定后再进行溢洪道结构施工;溢洪道施工完成后,再进行附近混凝土面板的浇筑,以减少面板的次生应力。

完建时,溢洪道的变形主要由其自重作用于坝体所致。完建时,第三泄槽段、第四泄槽段和挑流段建基于基岩,变位微小;溢流堰段、第一泄槽段和第二泄槽段存在微小沉降,溢流堰段整体向河谷倾斜。挡水时,坝体在水压力作用下发生变形,即上游坡向下、向下游变形,下游坡向上、向下游变形。溢流堰段、第一泄槽段和第二泄槽段发生向下游变形,并微小上抬,第三泄槽段、第四泄槽段和挑流段建基于基岩,变位微小。

溢洪道结构的变形主要为水压力引起的坝体变形,并且这种变形方向为向下游上抬;坝体建基面陡峭或坝体填筑不均匀时,会加剧坝体变形的不均匀性,引起溢洪道结构的不均匀变形。

面板变形主要为水压力引起的坝体变形,并且这种变形方向为向下游下沉;坝体建基面陡峭或坝体填筑不均匀时,会加剧坝体变形的不均匀性,引起面板的不均匀变形。在完建情况和挡水情况下,溢洪道附近的面板变形趋势未见明显变化,这表明直接在坝体上修建溢洪道,对面板的变形无明显影响。

周边缝均为张缝,在水压力的作用下,面板翘曲变形,与趾板、防浪墙的接触面均有一定程度的错开。由于坝体整体向下变形,坝体上部周边缝张开量大于下部周边缝。面板与溢流堰之间的缝为压性缝。面板中部下凹,靠近两岸的面板向中间挤压,与趾板之间横向错动。垂直缝整体趋势左右相同,垂直缝中部均为张性缝,下部为压性缝;溢洪道对垂直缝的张压规律没有明显影响。

挡水时溢流堰段与第一泄槽段之间的竖向缝错动最大;第一泄槽段与第二泄槽段之间缝的竖直错动次之。第三泄槽段、第四泄槽段和挑流段建基于基岩,相对位移微小。溢洪道结构之间缝的错动与高程和建基情况有关:高程越高,错动越大;坝上的缝的错动较基岩上的缝要大。

3.7.2　应力

大坝堆石区的应力与坝高、上游水压力有关。坝高越大,水压超大,压力也越大。坝体完建时,坝体应力主要集中在主堆石区的底部区,次堆石区的下底次之。由于主、次堆石区模量的差异,主、次竖向变位存在差异,因而在主、次堆石区的界面存在应力突变。为了提高坝体变形的协调性,主、次堆石区的模量应尽可能接近。

挡水时,由于水压力的作用,压应力极值区域较完建情况略往上移。压应力经坝体传递分散,因此压应力极值与完建期相比增量不大,位于坝轴线附近堆石体底部折角处,小于堆石体材料的允许抗压强度。挡水时,垫层区、过渡区和主堆石区的应力增加明显,次堆石区应力变化不大。一方面,水压力作用在坝体前部主堆石区,受力更直接,经坝体应力扩散,对位移下游的次堆区影响较小;另一方面,主堆石区的模量大、刚度大,承担了主要的水压力。溢洪道处下部的坝体应力与周边坝体应力没有明显的差异。

完建时面板的应力主要由盖重压力引起,面板的整体应力水平较低,应力主要集中在盖重区附近。挡水时,面板承受较大库水压力。面板在盖重和水压力作用下,与坝体共同变形。面板整体的应力水平较低,主要集中在面板下部 1/4 范围内。面板的拉应力超出了混凝土抗拉强度,须进行强度配筋;配筋后的面板强度可满足规范要求。

在完建情况和挡水情况下,溢洪道附近的面板应力趋势未见明显变化,这表明,直接在坝体上修建溢洪道,对面板的应力并无明显影响。

完建时,第三泄槽段、第四泄槽段和挑流段建基于基岩,变位微小,应力也很小。溢流堰段、第一泄槽段和第二泄槽段建基于坝体,结构的应力主要由自重引起坝体变形所致,应力水平较低,分布较均匀。上层水平阻滑板、泄槽底板和第一泄槽段、第二泄槽段的侧墙顶的应力相对较大。溢流堰段的应力集中在边墩根部,主要由侧向坝体土压力引起。

挡水时,第三泄槽段、第四泄槽段和挑流段建基于基岩,变位微小,应力也很小。溢流堰段、第一泄槽段和第二泄槽段建基于坝体,结构的应力主要由水压力引起坝体变形所致。水平阻滑板及其与泄槽连接处应力增长很快,出现集中现象,且拉应力较大;泄槽底板的应力最大值略有增加,位置上移了;第一泄槽段、第二泄槽段的侧墙顶的应力也略有增加。溢流堰段的应力集中在边墩根部,右侧边墩根部应力最大。与完建情况相比,泄槽水平阻滑板、泄槽底的应力有明显增长,需要配筋,其他结构相差不大。

　　计算表明:按设计筑坝材料和填筑标准,大坝填筑体应力较小,满足强度要求;面板、溢洪道各结构的应力整体水平较低,压应力均满足规范要求,局部拉应力区配筋后强度也可满足规范要求;大坝与溢洪道各结构变形较小,面板最大变位 37.7 mm,周边缝最大张开量 9 mm,垂直缝最大张开量 2.2 mm,溢洪道结构缝错动最大量为 5.9 mm;溢洪道对大坝及面板影响较小。因此,菲古水库坝身溢流面板坝及溢洪道设计方案满足规范要求。

第 4 章　溢流面板坝的敏感性因素

4.1　概　述

坝身溢流道的变形、应力与坝体几何尺寸、筑坝材料、填筑标准、各结构连接方式等有关,既与设计因素有关,也与施工工艺有关,因此应力变形十分复杂,而坝身溢流面板坝的技术关键就是不均匀沉降的控制。为了对不均匀沉降进行更好的分析、控制,有必要对其影响因素进行敏感性分析,在众多不确定性因素中找出变形的主要影响因素,并分析其敏感性,为工程设计和施工控制提供参考和依据。

4.2　敏感性分析方法

参数敏感性分析就是假设模型表示为 $y=f(x_1,x_2,\cdots,x_n)$(x_i 为模型的第 i 个参数),令每个参数在可能的取值范围内变动,研究和预测这些参数的变动对模型输出值的影响程度。我们将影响程度的大小称为该参数的敏感性系数。敏感性系数越大,说明该参数对模型输出的影响越大。

敏感性分析的核心目的就是通过对模型的参数进行分析,得到各参数敏感性系数的大小,在实际应用中根据经验去掉敏感性系数很小的参数,重点考虑敏感性系数较大的参数。这样就可以大大降低模型的复杂度,减少数据分析处理的工作量,在很大程度上提高了模型的精度,同时研究人员可利用各参数敏感性系数的排序结果,解决相应的问题。简而言之,敏感性分析就是一种定量描述模型输入变量对输出变量的重要性程度的方法。

敏感性分析在工程领域可以提供合理安排计算的依据,提高计算的效率,并且根据敏感性分析的结果,可以对勘测、施工质量的控制起指导作用,便于对结构安全性进行校验和评价。通过分析参数的不确定性对模型计算结果的影响程度,从而检验模型的可靠性与稳定性。

根据敏感性分析的作用范围,可以将其分为局部敏感性分析和全局敏感性分析。局部敏感性分析只检验单个属性对模型的影响程度;而全局敏感性分析检验多个属性对模型结果产生的总影响,并分析属性之间的相互作用对模型输出的影响。局部敏感性分析因其在计算方面的简单快捷,因此具有很强的可操作性,现在大量实际应用中都是采用这种方法。

局部敏感性分析通常有如下 4 种:基于连接权的敏感性分析、基于输出变量对输入变量的偏导的敏感性分析、与统计方法结合的敏感性分析和基于输入变量扰动的敏感性分析。

4.2.1　基于连接权的敏感性分析

用连接权值的乘积来计算输入变量对输出变量的影响程度或者相对贡献值。输入变量 x_i 对输出变量 y_k 的影响程度(贡献)为

$$Q_{ik} = \frac{\sum\limits_{j=1}^{L}(w_{ij}v_{jk}g / \sum\limits_{r=1}^{N}w_{rj})}{\sum\limits_{i=1}^{N}\sum\limits_{j=1}^{L}(w_{ij}v_{jk}g / \sum\limits_{r=1}^{N}w_{rj})} \quad (i,\cdots,N;k=1,\cdots,M) \tag{4-1}$$

当输出变量固定(k 固定)时,可以根据每个输入变量对 y_k 的敏感性系数来排序。由于连接权 w_{ij} 与 v_{jk} 的值有正有负,$\sum\limits_{j=1}^{L}(w_{ij}v_{jk} / \sum\limits_{r=1}^{N}w_{rj})$ 会弱化 x_i 对 y_k 的影响;同理,Q_{ik} 也有正有负,也不能反映出 x_i 相对 y_k 的敏感性系数。因此,无法根据式(4-1)所产生的结果进行排序。

4.2.2　基于输出变量对输入变量的偏导的敏感性分析

偏导在计算输入变量对输出变量的影响时,计算简单快捷。x_i 对 y_k 的敏感性表达式如下:

$$S_{ik} = \frac{\partial y_k}{\partial x_i} = f'(net_k) \sum\limits_{j=1}^{L} w_{ij}v_{jk}f'(net_j) \tag{4-2}$$

式中:$f'(net_j)$ 和 $f'(net_k)$ 分别为隐层激活神经元 j 的激活函数、输出神经元 k 的激活函数的偏导,此处激活函数经常采用 Sigmoid 激活函数;S_{ik} 为输入变量 x_i 对输出变量 y_k 的敏感性系数。

然而,部分学者认为该法有误导输入变量对输出变量贡献的隐患。

4.2.3　与统计方法结合的敏感性分析

给定一组数据,从该数据集中随机选取一部分数据作为网络的训练集,构建出一个有好的预测能力的前向神经网络。记录网络中的下列数值:①输入层—隐含层的连接权与隐含层—输出层的连接权值乘积(输入层—隐含层—输出层的连接权值);②每个变量输入层—隐含层—输出层的连接权的总和;③用 Garson 算法计算每个变量的相对重要值。再次随机地选取网络的训练数据集,构建新的网络。重复多次(如 999 次),每次都记录①、②、③描述的值,这样就可以得到输入层—隐含层—输出层的连接权、每个变量输入层—隐含层—输出层的连接权的总和及每个变量的相对重要性的统计显著性。这样就可以在神经网络机制图中去掉对神经网络影响很小的连接权值,更清晰地分析各输入变量对输出变量的影响。

4.2.4　基于输入变量扰动的敏感性分析

检验单个参数对模型的影响程度,令需要分析的参数 a 在其一定的范围内变动,这时

系统特性 P 表现为

$$P = f(a_1, a_2, \cdots, a_{k-1}, a_k, a_{k+1}, \cdots, a_n) = \varphi_k(a_k) \tag{4-3}$$

　　根据式(4-3)绘出特性曲线 $P—a_k$。由特性曲线 $P—a_k$ 可大致了解系统特性对参数 a_k 扰动的敏感性。在实际的系统中,影响系统特性的各因素往往是不同的物理量,单位各不相同,有必要进行无量纲化处理,将系统特性 P 的相对误差 $\delta_P = \Delta P/P$ 与参数 a_k 的相对变化率 $\delta_{a_k} = \Delta a_k/a_k$ 绘出特性曲线 $\delta_P—\delta_{a_k}$,由特性曲线 $\delta_P—\delta_{a_k}$ 即可对系统特性各参数的敏感性进行对比评价。

　　根据本书研究的特点和需要,拟采用基于输入变量扰动的敏感性分析方法进行敏感性分析。

4.3　对堆石体 E-B 模型参数的敏感性分析

　　坝身溢流道的变形应力与坝体几何尺寸、筑坝材料、填筑标准、各结构连接方式和荷载等有关,影响因素很多,但当坝体形状、筑坝材料与级配和结构设计基本确定后,坝体的应力变形主要与填筑标准有关。填筑标准最终反映在坝体的应力和变形关系。按规范,推荐堆石坝的数值本构采用邓肯-张模型,该模型主要参数有 c、φ、E_i、R_f、K、n、K_b 和 m,其中影响较大的不确定性参数为 K、φ、R_f、n 和 K_b。

　　基于三维有限元数值仿真计算,考察 E-B 模型中 K、φ、R_f、n 和 K_b 在 -20% ~ 20% 范围内变化时,堆石体、缝和溢洪道的位移或应力的变化规律。

4.3.1　堆石体位移对各参数的敏感性

　　计算 K、φ、R_f、n 和 K_b 在 -20% ~ 20% 范围内变化时,大坝堆石体最大位移变化率与各参数变化率的关系见图4-1。其中,S_x、S_y 和 S_z 分别为大坝堆石体 X、Y 和 Z 方向的最大位移。

　　图4-1表明,大坝堆石体 X、Y 和 Z 方向最大位移均对参数 φ 最敏感,对 K_b 次之,对 R_f 最不敏感;位移对 R_f 正相关,对其他参数负相关。

4.3.2　溢洪道位移对各参数的敏感性

　　计算 K、φ、R_f、n 和 K_b 在 -20% ~ 20% 范围内变化时,溢洪道结构最大位移变化率与各参数变化率的关系见图4-2。其中,S_x、S_y 和 S_z 分别为溢洪道结构最大位移。

　　图4-2表明,溢洪道结构 X、Y 和 Z 方向最大位移均对参数 φ 最敏感,对 K_b 次之;位移对 φ、K_b 负相关,对其他参数正相关。

4.3.3　泄槽底板应力对各参数的敏感性

　　计算 K、φ、R_f、n 和 K_b 在 -20% ~ 20% 范围内变化时,溢洪道泄槽底板最大应力变化率与各参数变化率的关系见图4-3。

　　图4-3表明,溢洪道泄槽底板最大应力对参数 φ 最敏感,对 K_b 最不敏感;应力对 R_f

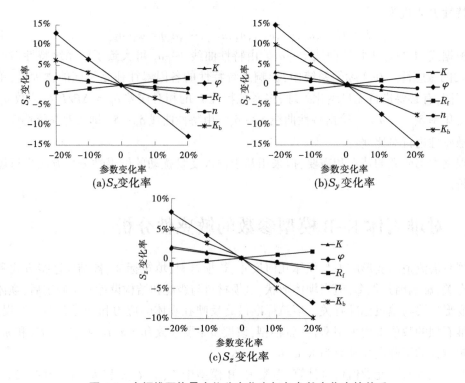

图 4-1　大坝堆石体最大位移变化率与各参数变化率的关系

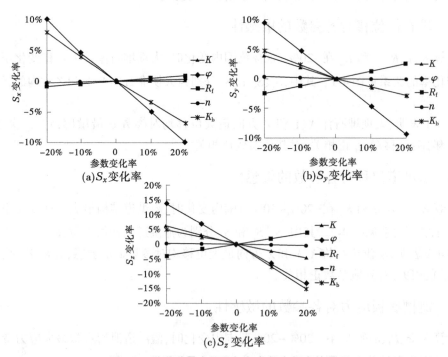

图 4-2　溢洪道最大位移与各参数变化率的关系

负相关,对其他参数正相关。

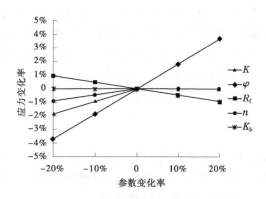

图 4-3　泄槽底板应力与各参数变化率的关系

4.3.4　泄槽结构缝错动对各参数的敏感性

泄槽结构缝错动反映溢洪道不均匀沉降量,其中溢流堰结构段与第一泄槽结构段之间的缝错动量最大,因此这里主要分析溢流堰结构段与第一泄槽结构段之间的缝错动量与各参数的关系。

计算 K、φ、R_f、n 和 K_b 在 $-20\% \sim 20\%$ 范围内变化时,溢流堰结构段与第一泄槽结构段之间的缝错动量与各参数的关系见图 4-4。

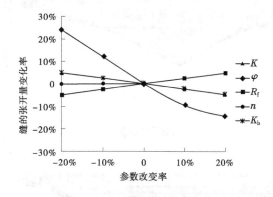

图 4-4　泄槽结构缝错动对各参数的关系

图 4-4 表明,溢流堰结构段与第一泄槽结构段之间的缝对参数 φ 最敏感,对 n 最不敏感;应力对 R_f 正相关,对其他参数负相关。

4.4　对增模区敏感性

由于溢洪道结构的应力和变形主要受坝体变形影响,故设想对溢洪道下部的坝体采用刚度较大的增模区,以进一减少溢洪道结构的次生变形,同时可增强溢洪道结构的稳定性和抗震性。

　　为了分析增模区对溢洪道增模区的效果,基于数值仿真方法,分别计算不同增模区情况下溢洪道结构变位。增模区可在堆石填筑的基础上,掺一定量的砂浆或细石混凝土等胶凝材料来实现,具体配比、填筑标准可由试验确定。这里分析的目的主要是了解坝体结构应力变位与增模区的关系,为分析的便利和直观,暂假定增模区服从弹线性模型,试算模量分别取 0.3 GPa、1 GPa、5 GPa、10 GPa、15 GPa 和 20 GPa。

　　经数值仿真演算,发现挡水工况时变位和应力情况如下。

4.4.1　变位

　　(1)增模区的模量越大,溢洪道结构的变位越小;增模区模量增至 1 GPa 时,溢洪道结构变位很小,变位的增量很不明显了,此时溢洪道结构的变位主要由地基变形引起;增模区模量越大,溢洪道结构与坝顶的相对位移越大。

　　(2)增模区的模量越大,溢洪道上游面板的变位越小,溢洪道附近相邻面板变形的梯度越大。

　　(3)增模区对溢流堰段和第一泄槽段变位的影响最大;第二泄槽段紧邻基岩,坝高较小,受增模区影响较小;基岩上的第三泄槽段、第四泄槽段和挑流段几乎不受增模区影响。

　　不设增模区与设增模区的变位情况对比见图 4-5~图 4-9。

　　增模区不同模量时溢洪道结构变位见表 4-1 和图 4-10。

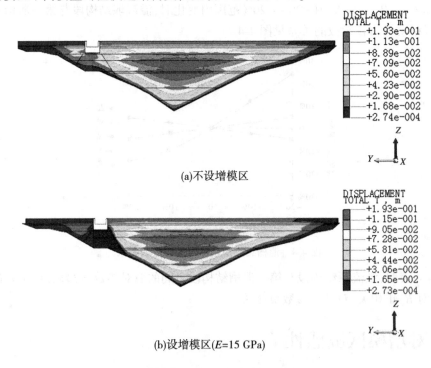

(a)不设增模区

(b)设增模区(E=15 GPa)

图 4-5　完建情况纵剖面总位移

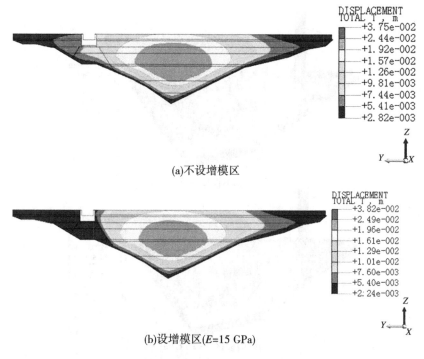

(a)不设增模区

(b)设增模区($E=15$ GPa)

图 4-6　挡水情况纵剖面总位移

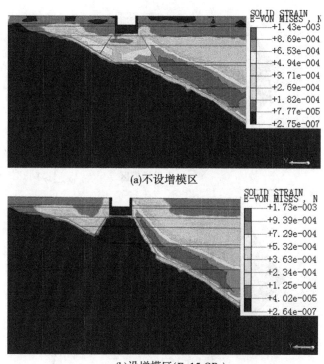

(a)不设增模区

(b)设增模区($E=15$ GPa)

图 4-7　挡水情况纵剖溢洪道处应变

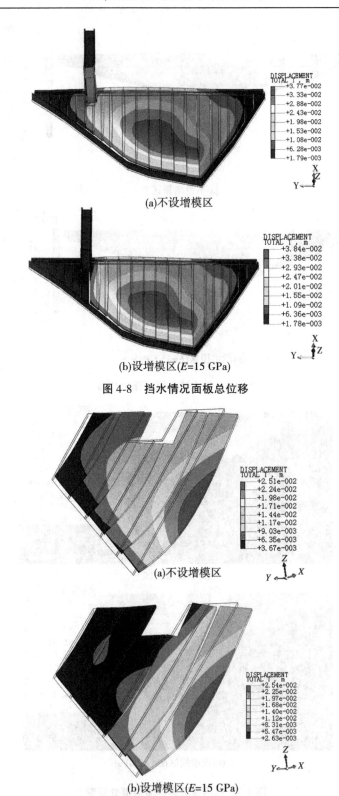

(a)不设增模区

(b)设增模区(E=15 GPa)

图 4-8　挡水情况面板总位移

(a)不设增模区

(b)设增模区(E=15 GPa)

图 4-9　挡水情况溢流堰附近面板总位移(放大)

表 4-1　增模区不同模量时溢洪道结构变位　　　　　　（单位：mm）

部位	项目	增模区模量（GPa）					
		0.3	1	5	10	15	20
溢流堰段	总位移	5.5	4.7	4.4	4.3	4.3	4.3
	水平顺河向	4.7	3.7	3.3	3.3	3.2	3.2
	水平坝轴向	−3.6	−3.1	−2.9	−2.9	−2.8	−2.8
	竖直向	4	3.6	3.5	3.5	3.5	3.5
第一泄槽段	总位移	5.3	4.5	4.3	4.3	4.3	4.3
	水平顺河向	3.9	3.1	2.7	2.7	2.7	2.6
	水平坝轴向	−0.6	−0.6	−0.64	−0.7	−0.7	−0.7
	竖直向	3.5	3.4	3.4	3.4	3.4	3.4
第二泄槽段	总位移	4.3	4.3	4.3	4.3	4.3	4.3
	水平顺河向	2.8	2.7	2.7	2.7	2.6	2.6
	水平坝轴向	−0.3	−0.3	−0.38	−0.4	−0.4	−0.4
	竖直向	3.3	3.3	3.4	3.4	3.4	3.4
第三泄槽段	总位移	4.2	4.2	4.2	4.2	4.2	4.2
	水平顺河向	2.6	2.6	2.6	2.6	2.6	2.6
	水平坝轴向	−0.29	−0.29	−0.28	−0.27	−0.26	−0.26
	竖直向	3.35	3.35	3.34	3.34	3.34	3.34
第四泄槽段	总位移	3.9	3.9	3.9	3.9	3.9	3.9
	水平顺河向	2.5	2.5	2.5	2.5	2.5	2.5
	水平坝轴向	0.15	0.15	0.15	0.15	0.15	0.15
	竖直向	3.1	3.1	3.1	3.1	3.1	3.1

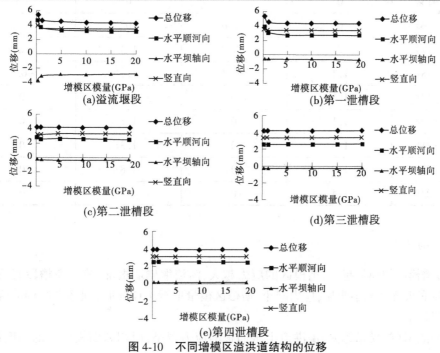

(a)溢流堰段　　　　　　　　(b)第一泄槽段

(c)第二泄槽段　　　　　　　　(d)第三泄槽段

(e)第四泄槽段

图 4-10　不同增模区溢洪道结构的位移

有无增模区时面板缝的张压量见表 4-2 和图 4-11。

表 4-2　有无增模区时面板缝的张压量

垂直缝部位	增模区($E=15$ GPa)		无增模区	
	最大张开量（mm）	最大压缩量（mm）	最大张开量（mm）	最大压缩量（mm）
1#—2#	0.3	0	0.4	0
2#—3#	0.4	0	0.5	0
3#—4#	0.5	0	0.8	0
4#—5#	0.7	−0.2	1	0
5#—6#	1.1	−0.9	1	0
6#—7#	1.3	0	1.5	0
7#—8#	3.6	0	1.6	0
8#—9#	4.4	0	2.2	0
9#—10#	2.4	−1.1	2	−0.6
10#—11#	1.7	−1.7	1.5	−1.6
11#—12#	0	−2.6	0	−2.6
12#—13#	0	−2.8	0	−2.8
13#—14#	0	−3.2	0	−3.2
14#—15#	0	−3	0	−3
15#—16#	0	−2.6	0	−2.6
16#—17#	1.4	−2.2	1.4	−2.2
17#—18#	1.1	−0.3	1.1	−0.3
18#—19#	1.1	0	1.1	0
19#—20#	1.1	0	1.1	0
20#—21#	1.3	0	1.3	0
21#—22#	1.8	0	1.8	0
22#—23#	1.4	0	1.4	0

4.4.2　应力

（1）增模区的模量越大,增模区的应力越大,溢流堰侧墙根部、第一泄槽段底板和第二泄槽段底板弯矩减小明显,应力减小;增模区模量增至 1 GPa 时,坝体各结构的应力增量很不明显了。

（2）增模区的模量越大,溢洪道上游面板的应力越小,但相邻面板变形的梯度越大,

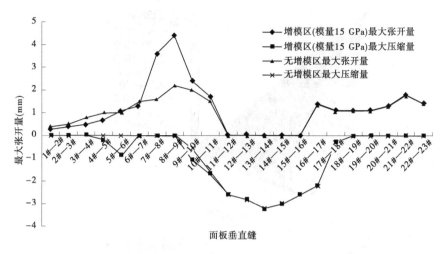

图 4-11　有无增模区时面板缝的张压量

应力略有增加。

（3）增模区对溢流堰段和第一泄槽段应力的影响最大；第二泄槽段紧邻基岩，坝高较小，受增模区影响较小；基岩上的第三泄槽段、第四泄槽段和挑流段几乎不受增模区影响。

不设增模区与设增模区的应力情况对比见图 4-12～图 4-14。

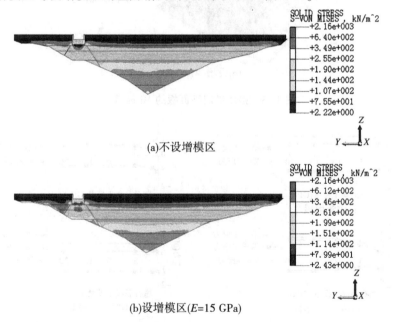

图 4-12　坝轴线纵剖面完建情况 Mises 应力

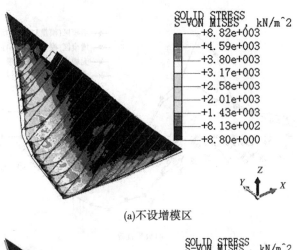

(a)不设增模区

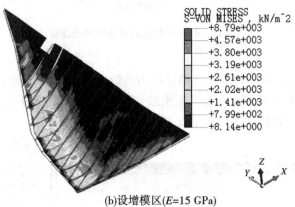

(b)设增模区(*E*=15 GPa)

图 4-13　挡水情况下面板的 Mises 应力

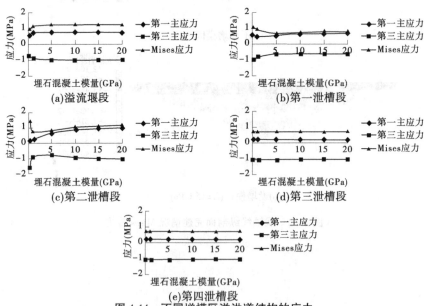

(a)溢流堰段　　　　　　　　　(b)第一泄槽段

(c)第二泄槽段　　　　　　　　(d)第三泄槽段

(e)第四泄槽段

图 4-14　不同增模区溢洪道结构的应力

4.5　小　结

大坝堆石体位移、溢洪道结构位移、溢流堰结构缝和溢洪道泄槽底板应力均对参数最敏感,对其他参数相对不敏感。而 φ 的物理意义明确,基础经验数据多,精度相对校高,因此虽然前述的堆石体材料参数参考类似工程取值,但计算成果仍具有较高的稳定性和可信度。

大坝堆石体位移、溢洪道结构位移和溢流堰结构缝对 φ 正相关,溢洪道泄槽底板应力对 φ 负相关。因此,要减少大坝堆石体位移、溢洪道结构位移和溢流堰结构缝的错动,可设法提高堆石体的 φ 值,但这样也会增加泄槽底板等结构的应力。由于泄槽结构应力水平较低,提高 φ 值增加的应力有限,通过适当的配筋加强仍可满足规范的强度要求。因此,工程设计时可重点复核填筑料的 φ 值,并尽量选用 φ 值大的筑坝材料或通过工程措施提高材料的 φ 值,可有效控制坝顶溢洪道的变位,提高工程安全性和可靠性。

增模区可以减少坝体和溢洪道结构的变位,但会增加大坝与增模区之间的相对位移,增大增模区和非增模区交界附近面板的变形梯度,也会增加增模区和溢洪道结构的应力;且增模区的模量越大,这种趋势越明显,但当增模区模量超过 1 GPa 时,这种趋势不再明显,且此时溢洪道的变位主要取决于地基刚度。经进一步计算分析,建议增模区初始模量为大坝主体堆石区初始模量的 3~5 倍为宜,且与主体堆石区之间设 3~5 m 的渐变段,可改善面板、防浪墙的应力和变形梯度。

第 5 章　溢流面板坝结构设计与工艺

5.1　概　述

　　坝身溢流面板坝是在面板坝上集成了溢洪道,它继承了面板坝优点的同时,更具有简化枢纽布置、节省工程造价等一系列优势,但由于坝身溢流面板坝中大坝与溢洪道相互作用,受力复杂,设计分析和施工控制要求很高,加大了工程安全风险,因而在很大程度上限制了这一坝工结构的推广和应用。但国内外已有一些坝身溢流面板坝的成功案例,甚至在土基上也成功建成了坝身溢洪道,且总体运行情况良好,这表明尽管溢流面板坝存在许多技术难点,但只要认真分析和设计,确保工程质量,总体上是安全可行的。

　　基于前述章节坝身溢流面板坝研究成果,结合国内外坝身溢流面板坝建设经验,总结和提出了坝身溢流面板坝设计和施工的关键要点,为类似工程设计和建设提供参考。

5.2　与普通面板堆石坝对比

5.2.1　结构对比

　　与普通面板堆石坝相比,坝身溢流面板坝多布置了 1 个流洪道,结构更复杂:

　　(1)坝顶溢洪道需要在坝身额外增设溢洪道的垫层、阻滑板、抗滑锚筋、抗滑地梁等抗滑措施。

　　(2)坝身溢流面板坝需要在坝体预留或后开挖溢洪道缺口。

　　(3)坝顶溢洪道泄槽常与坝后坡并不在同一个平面,需要局部回填与下游过渡连接;需要结合变形缝布设掺气槽。

　　(4)结构上需要满足溢流堰的抗滑稳定和泄槽的抗滑稳定。

　　(5)溢洪道泄洪时,水流流激振动会对坝体稳定产生影响。

5.2.2　防渗对比

　　与普通面板堆石坝相比,坝身溢流面板坝防渗系统更复杂:

　　(1)坝身溢流面板坝除面板、帷幕等防渗系数外,还需要联合溢流堰、泄槽防渗。

　　(2)溢洪道结构之间的缝受坝体变形影响较大,缝的错动敏感因素多,错动量较面板大,对止水的适应性有更高的要求。

　　(3)面板与溢流堰连接处止水形状和应力变形复杂,需要精心设计确保止水质量。

5.2.3　应力变形的对比

与普通面板堆石坝相比,溢洪道附近的坝体应力更加复杂:

(1)溢洪道一般采用混凝土结构,模量与堆石体的相差巨大,因此坝身溢流面板坝增加了坝体的不均匀性,对坝体的局部会引起应力集中和不均匀变形。

(2)与附近坝体相比,溢洪道建基坝体增设了阻滑板、抗滑锚筋和抗滑地梁,这些措施对局部坝体产生约束,泄槽底面也对坝体存在部分约束作用,这增加了坝体应力和变形的复杂性。

(3)溢洪道附近存在泄槽自重压力,泄洪时还存在水压力和脉动水压力。

5.3　总体布置

坝身溢流面板坝是面板坝,也是溢洪道,因此在工程总体布置时既要满足面板坝的一般原则,也要兼顾溢洪道布置的一般原则;既要满足功能需求,也要满足安全需要。

5.3.1　面板坝

坝轴线选择应根据坝址区的地形、地质条件,有利于趾板和枢纽布置,并结合施工条件等,经技术经济综合比较后选定。堆石坝体可建在密实的河床覆盖层上。当覆盖层内有粉细砂层、黏性土层等地质条件时,应对坝体及覆盖层进行稳定和变形分析,论证坝体建在河床覆盖层上的安全性和经济合理性。

趾板建基面宜置于坚硬的基岩上;风化岩石地基采取工程措施后,也可作为趾板地基。趾板线宜选择有利的地形,使其尽可能平直和顺坡布置;趾板线下游的岸坡不宜过陡。趾板线宜避开断裂发育、强烈风化、夹泥以及岩溶等不利地质条件的地基,并使趾板地基的开挖和处理工作量较少。在深覆盖层上建坝布置趾板时,应根据地基地质特性进行地基防渗结构及与趾板以及两岸连接的布置设计;对于深覆盖层的地基防渗处理及趾板布置,经详细论证后也可采用混凝土防渗墙防渗,将趾板置于覆盖层上。在施工初期,趾板地基覆盖层开挖后,可根据具体地形、地质条件进行二次定线,调整趾板线位置。

坝址地形、地质条件有缺陷时,可用趾墙(挡墙)进行人工改造,使趾墙与面板连接。混凝土面板堆石坝工程,应分析研究枢纽建筑物布置与开挖,尽可能为大坝提供料源,就开挖量和填筑量的平衡进行综合比较。

5.3.2　溢洪道

溢洪道可由控制段、泄槽、消能防冲设施及出水渠等建筑物组成。溢洪道布置应根据地形、地质、枢纽布置、坝型、施工、生态与环境、运行管理及经济指标等因素,经技术经济比较选定,并注意协调泄洪、发电、航运、排漂、过鱼、生态、供水及灌溉等建筑物在布置上的矛盾,避免相互干扰,并兼顾建筑景观要求。

设有正常溢洪道和非常溢洪道时,正常溢洪道泄洪能力不应小于设计洪水标准下溢洪道应承担的泄量。非常溢洪道启用标准应根据工程等级、枢纽布置、坝型、洪水特性及标准、库容特性及对下游的影响等因素确定。非常溢洪道泄洪时,水库最大总下泄流量不应超过坝址同频率天然洪峰流量。

溢洪道泄量、溢流前缘总宽度及堰顶或闸底板高程等,应根据下列因素通过技术经济比较选定。溢洪道布置应使水流顺畅,轴线宜取直线。若需转弯,弯道宜设置在进水渠或出水渠段内。溢洪道应合理选择泄洪消能工布置和泄洪消能形式,其出口水流应与下游河道平顺衔接,避免下泄水流对坝址下游河床和岸坡的严重淘刷、冲刷以及河道淤积,影响枢纽其他建筑物的正常运行。溢洪道的闸门启闭设备及基础抽排水设备,应设置备用电源,且供电可靠。

5.3.3　坝身溢流面板坝

由于坝身溢流面板坝是面板坝和溢洪道的集成,因此其总体布置有其特殊性。与单一普通面板坝或独立溢洪道相比,坝身溢流面板坝受力分析、结构设计和施工控制均具有自身特点和难度,风险高。为降低工程风险,提高工程安全性和可靠性,坝身溢流面板坝设计应遵循以下基本准则:

(1)精心选择作为溢洪道基础持力层的堆石筑坝材料,按面板坝常规的料物分区设计,这部分堆石属Ⅱ分区,不能用质量标准偏低的石料,填筑标准也不能降低,应按上游支撑面板的垫层来设计,控制级配、填筑干密度和孔隙率等物性指标,以尽可能提高堆石体的抗剪强度和变形模量,最大限度地使其变形量不超过溢洪道底板的允许值。

(2)对溢洪道的平面布置和纵横向体型布置应力求缓变、平顺和规整,并做好接缝止水,以防止折冲水流的发生,并减小动水荷载(含拖曳力、脉动压力和冲击力等)对泄槽的不利影响。

(3)泄槽应根据建基情况,合理布置结构缝;结合泄槽结构缝布置掺气设施。

(4)溢洪道出口做好消能和防冲保护,防止溯源破坏的发生。

(5)坝体溢洪道泄槽宜采用叠瓦式搭接,搭接处竖向宜采用柔性连接,防止底板坝体脱空而引起应力集中。

(6)合理设计堆石体的排水能力,以消除泄槽底板下的浮托力,提高泄槽斜坡稳定性。

(7)强化溢洪道与堆石体锚固连接结构,可设水平锚筋和水平阻滑板等,以增加其间的连接强度,加大系统的整体性。

(8)选择合理的溢洪道结构、体型和尺寸,使其自振频率远离高速水流脉动的基频,避免因共振导致结构失稳。

(9)选择高性能混凝土材料,提高泄槽自身抗空蚀破坏能力,并提高限裂、抗裂能力。

(10)为了保证溢流堰顶的设计高程,设计上应预留长期沉降超高,或采取后期加高措施。例如,突尼斯 Lebna 土石坝溢洪道建在岸坡坝段,考虑到地基不利条件,溢流堰顶高程预留了 30 cm 的超高。对于坝高较大或预计坝体沉降量较大情况,为保证溢流堰堰顶的设计高程,应通过对堆石坝体变形的估算,在设计上适当预留堰顶长期沉降超高。

(11)溢流堰宜采用不设闸门的自由溢流方式,几乎所有的面板坝坝身溢洪道都是这么做的。

5.4　应力变形控制

应力变形控制是坝身溢流面板坝最关键、最核心的问题,不仅与工程设计有关,还与工程施工工艺和施工质量控制有关,因此溢流面板坝的应力变形控制是系统工程。工程设计的控制主要包括溢洪道位置的选择、筑坝材料、填筑标准、细部结构的设计等;施工控制包括施工工序、坝体填筑质量及均一性等。

5.4.1　溢洪道位置

溢洪道的布置位置,目前主要有两种意见相反的倾向:布置在河床位置和岸坡位置。前者认为布置在河床位置时,整个溢洪道都可以布置坝体上或河床覆盖层上,整体溢洪道结构与坝体可以一起沉降,相邻结构段的相对位移较小,可以避免溢洪道结构的不均匀沉降,如新疆哈密榆树沟溢流面板堆石坝,见图 5-1,溢洪道布置在右岸一级阶地上;后者认为溢洪道布置在岸坡位置时,可有效降低溢洪道建基的坝体高度,从而可以减少坝体上的溢洪道长度,减少坝体溢洪道结构的高差,从而减少它们之间的不均匀沉降,如浙江桐柏抽水蓄能电站下库的坝身溢洪道则布置于主河床中心部位,见图 5-2。

图 5-1　新疆哈密榆树沟水库枢纽平面图

笔者经分析和研究,更倾向于:在满足泄洪水流顺畅的前提下,宜尽可能往岸边布置,以降低坝体上溢洪道长度和高差,降低溢洪道下坝体高度,这样:

(1)较小的坝高,可以更快使沉降稳定,缩短工期。

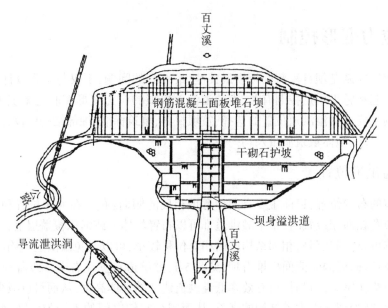

图 5-2　浙江桐柏抽水蓄能电站下库枢纽平面布置

（2）较小的坝高，总变形量较小，溢洪道结构总变位量较小，不均匀变形也较小。

（3）数值计算表明，坝体在水压力作用下变形是引起溢洪道结构次生变形和次生应力的重要原因，因此较小的坝高，挡水高度较小，坝体在水压力作用下的变形较小，引起溢洪道结构的次生变形和次生应力较小。

（4）较小的坝高，坝体填筑均一性更容易控制，施工质量更可靠。

（5）较小的坝高，泄槽泄洪的流速较小，脉动压力和振动更小，对坝体和泄槽的稳定影响更小，更安全。

因此，虽然溢洪道布置在岸坡坝段时，坝基存在横河倾向，加大了溢洪道下坝体高度差，不利于坝体的均匀变形，但由于以上原因，工程变位和施工质量整体上更容易控制，风险更低，更安全。

5.4.2　筑坝材料和填筑标准

溢洪道下坝区宜选用新鲜、高模量、高抗剪强度的石料，并宜通过试验和数值分析，精确设计堆石料级配和填筑标准。坝料应具有较好的透水性，以保证坝体的自由排水性能。

对于作为溢洪道地基的坝段，其填筑标准应不低于坝体主堆石区，应严格控制填筑密度，以提高堆石体的垂直变形模量和水平变形模量，最大限度地控制作为溢洪道地基的坝体的绝对变形量。在泄槽底板下，应设置透水料并进行碾压，使之对底板混凝土提供平坦和坚定的支撑，并起到排除渗水的作用。

榆树沟工程对溢洪道坝段的坝料要求和填筑标准：采用最大粒径小于 200 mm；小于 25 mm 的颗粒含量大于 25%；小于 0.1 mm 颗粒含量为 0 的坝料填筑。坝料的渗透系数不得小于 $A \times 10^{-2}$ cm/s，以保证坝体的自由排水性能。填筑相对紧密度>0.85。

浙江桐柏水库坝身溢洪道设计施工要求：溢洪道中心线左右各 30 m 范围内的基础覆

盖层全部清除,厚度为 5~7 m,坝体基础坐落于基岩上,以减少基础沉降。对溢洪道基础底部的坝体填筑料提出要求,在溢洪道轴线左右各约 30 m 范围内的坝体填筑料,全部采用主堆石料,岩性为新鲜及弱、微风化花岗岩和熔结凝灰岩,同时采用 25 t 拖挂式振动碾碾压,碾压遍数为 8 遍,铺料厚度为 0.8 m。溢洪道泄槽底板基础采用上游面板基础相同的结构,即铺设水平厚 2.0 m 的垫层料和水平厚 4.0 m 的过渡区料,并采用薄层碾压,使之对泄槽底板混凝土提供坚定的支撑,这样可以保证溢洪道的变形较小。

5.4.3　细部结构的设计

对溢洪道控制段、泄槽段进行精心设计,选择合适的结构形式,减少应力集中。溢流堰可采用驼峰堰。底板与坝面板采用圆弧连接,中墩、边墩及底板为整体式结构。

在合适的位置如结构突变、地形突变、地基性质突变等位置分缝,减少结构应力集中。坝体溢洪道的底板和边墙在结构上均应适当分段设置沉降伸缩缝,以适应堆石体的变形。接缝的结构形式应具有一定的伸缩、沉降、转动的能力,以消除因填筑坝体的变形而产生的超静定应力,防止出现结构断裂;边墙和底板的横缝,应避免下游板端相对于上游板凸出的可能,并认真做好缝内止水,提高缝内止水的可靠性和耐久性,防止在运行时高速水流通过接缝钻入泄槽底板之下形成顶托力,造成结构破坏。

在溢洪道与坝体之中设应力缓冲的垫层、过渡层,减少应用集中,减少不均匀沉降。

5.4.4　施工工序

经计算分析,坝身溢流面板坝的施工须遵循一定的工序,以降低溢洪道结构和面板的次生位移和次生内力:

(1)同普通面板坝那样,清基至设计高程。

(2)趾板施工,到设计强度后进行帷幕施工。

(3)挑流鼻坎混凝土施工。

(4)分层碾压填筑坝体到大坝设计高程,中间按要求设水平锚拉筋、锚拉地梁和水平阻滑板。

(5)等候坝体充分沉降。

(6)在大坝上进行堰首、泄槽基础开挖。

(7)泄槽、掺气槽等混凝土浇筑,最后溢流堰浇筑及两侧回填。

(8)面板浇筑。

(9)盖重浇筑。

5.4.5　施工质量与施工机具

设计效果和工程安全需要施工质量来保障。施工必须保证坝体的各项指标都达到设计要求,并控制好均匀性。

碾压机具和碾压遍数是重要的施工参数,直接关系到坝体质量,宜通过试验确定。建议采用碾重大于 10 t 的重型碾进行施工,碾压遍数不少于 8 遍。冬季不能洒水时,碾压遍数不得少于 10 遍。从国内外已建面板堆石坝工程经验可知,国外工程一般都用 10 t 振动碾,碾压4遍进行施工。但是,国内工程碾压遍数多大于8遍,普遍高于国外,近年来有许多工程采用碾重大于16 t的重型碾进行施工,这也是国内各坝沉降量低于国外的一个重要原因。

榆树沟工程对溢洪道坝段的碾压标准如下:

(1)填筑相对紧密度>0.85。

(2)施工时采用15 t拖挂式振动碾碾压,要求碾压遍数不得少于8~10遍。铺料厚度为0.8 m,并充分洒水。冬季不能洒水时碾压遍数不得少于10遍。

5.5　抗滑稳定控制

坝身溢流面板坝的抗滑稳定主要包括整体抗滑稳定、溢流堰抗滑稳定和泄槽底板抗滑稳定。

5.5.1　整体抗滑稳定

与普通面板坝相比,溢流面板坝坝坡上多了泄槽自重、水压力、水流下曳力和脉动压力等,必要时需要验算坝坡的整体稳定。

分析时可将溢洪道的重量换算成为堆石体的等效自重作用在下游坝坡上,然后按《碾压式土石坝设计规范》(SL 274—2020)中稳定分析方法,计算下游坝坡的整体抗滑稳定安全系数 K,评价其稳定性;也可采用有限元分析,求得各点的应力,再用圆弧滑动法进行整体稳定分析。由于计算较为复杂,不少学者采用有限元方法进行整体抗滑稳定分析。

5.5.2　溢流堰抗滑稳定

由于坝顶溢洪道坐落在堆石体上部的垫层上,混凝土与垫层之间的摩擦系数约为0.35,明显小于独立式溢洪道基岩作为基础的摩擦系数。当挡水高度较高时,需要进行抗滑稳定分析。

5.5.3　泄槽底板抗滑稳定

泄槽位于大坝下游坝坡上,坡陡,与坝体摩擦系数小,还受自重分量、水流下曳力和脉动压力作用,因此泄槽的抗滑稳定是工程的一项重要内容,须进行稳定验算,并采取合适的措施。

为保证下游坡面上泄槽的稳定,下游坡应比一般情况要缓,克罗蒂大坝和榆树沟大坝的经验为不小于1:1.5。另外,尚需采取抗滑锚筋、阻滑板等工程措施。

根据类似工程经验,泄槽底板厚不宜小于60 cm。泄槽底板利用掺气槽将底板分为多段,水平间距宜为15~20 m,纵向上采用叠瓦式构造。泄槽可采取抗滑锚筋、阻滑板等抗滑工程措施,即每段底板采用水平钢筋混凝土锚固板及锚固筋与坝体连接;锚固筋一段与底板钢筋焊接,另一端锚固在锚端梁中。这些抗滑工程措施可以提高泄槽在斜坡面上的稳定性,加强系统的整体性。

另外,对于泄槽水流的脉动作用,为了增加泄槽稳定性,可选择合理的溢洪道结构、体型和尺寸,提高结构的自振频率,使其自振频率远离高速水流脉动的基频,避免因共振导致结构失稳。

　　泄槽底板抗滑稳定分析以泄槽底板纵、横缝形成的板块为计算对象,根据泄槽底板抗滑措施可分为以下三种情况。

5.5.3.1　采用水平阻滑板加固的情况

　　顶溢洪道泄槽内水流流速较大,随着流量和流速不断增大,埋在坝体内水平阻滑板很有可能被拔出,所以对其进行受力分析是很有必要的。泄槽底板采用水平阻滑板进行抗滑稳定加固时的示意图见图 5-3,受力简图见图 5-4。

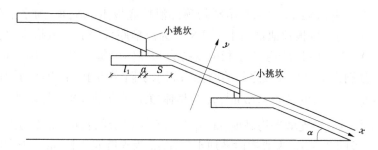

图 5-3　水平锚筋加固泄槽底板的示意图

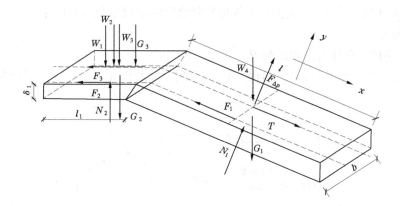

图 5-4　水平阻滑板加固泄槽底板的受力简图

　　根据静力平衡条件,令 $\sum F_x \leqslant 0$, $\sum F_y = 0$, $\sum F_{G1} = 0$,有:

$$(W_1 + W_2 + W_3 + W_4 + G_1 + G_2 + G_3 - N_2)\sin\alpha - (F_2 + F_3)\cos\alpha - F_1 + T \leqslant 0$$

$$N_1 + F_{\Delta p} - (W_1 + W_2 + W_3 + W_4 + G_1 + G_2 + G_3 - N_2)\cos\alpha - (F_2 + F_3)\sin\alpha = 0$$

$$G_2\left(\frac{l_1 + a + s}{2} + \frac{l}{2}\cos\alpha\right) + G_2\left(\frac{a}{2} + s + \frac{l}{2}\cos\alpha\right) +$$

$$(W_1 + W_2 + W_3)\left(\frac{l_1}{2} + a + s + \frac{l}{2}\cos\alpha\right) + W_4\frac{\delta}{2}\sin\alpha + F_2\left(\frac{l}{2}\sin\alpha - \frac{\delta_1}{2}\right) +$$

$$F_3\left(\frac{l}{2}\sin\alpha + \frac{\delta_1}{2}\right) - N_2\left(\frac{l_1 + a + s}{2} + \frac{l}{2}\cos\alpha\right) - F_1\frac{\delta}{2} = 0$$

$$W_1 = \gamma_1 bhl_1 + \frac{1}{2}\gamma_1 bl_1^2\tan\alpha$$

$$W_2 = \frac{\gamma_0 l_1}{\cos\alpha}\delta$$

$$W_3 = \frac{\gamma_0 l_1}{\cos\alpha}\overline{h}$$

抗滑稳定安全系数为

$$K = \frac{F_1 + N_1\sin\alpha + (F_2 + F_3)\cos\alpha}{T + (W_1 + W_2 + W_3 + W_4 + G_1 + G_2 + G_3 - N_2)\sin\alpha}$$

式中：G_1 为底板自重，kN；G_2 为水平阻滑板自重，kN；G_3 为支墩自重，kN；W_1 为水平阻滑板顶的坝体填筑料重，kN；W_2 为水平阻滑板顶部泄槽底板重，kN；W_3 为水平阻滑板顶泄槽内水重，kN；W_4 为底板板顶泄槽内水重，kN；T 为泄槽底板表面水流拖曳力，kN；$F_{\Delta p}$ 为脉动压力，kN；N_1、N_2 分别为垫层对底板的支持力和坝体填筑料对水平阻滑板的支持力，kN；F_1、F_2、F_3 分别为垫层与底板之间的摩擦力和水平阻滑板上、下表面与坝体填筑料之间的摩擦力，kN；γ_0 为水的容重，kN/m³；γ_1 为坝体填筑料容重，kN/m³；γ_c 为混凝土容重，kN/m³；$\overline{h}$ 为水平阻滑板支墩平均高度，m；l_1 为水平阻滑板的长度，m；b 为水平阻滑板的宽度，与泄槽底板同宽，m；h 为泄槽内平均水深，m；a 为支墩底边长，m；s 为支墩边缘到底板上端的距离，m；δ_1 为水平阻滑板平均厚度，m；f 为泄槽底板与垫层之间的摩擦系数，取 0.6；f_1 为水平阻滑板上、下表面与大坝填筑料之间的摩擦系数，取 0.6；α 为坝下游坡度；V 为泄槽内水流流速，m/s。

5.5.3.2　采用水平锚筋加固的情况

泄槽底板采用水平锚筋进行抗滑稳定加固时的示意图见图 5-5，受力简图见图 5-6 和图 5-7。

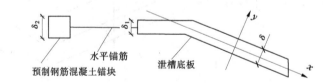

图 5-5　水平锚筋加固泄槽底板的示意图

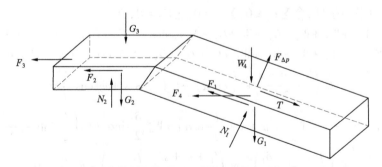

图 5-6　水平锚筋加固时泄槽底板的受力简图

根据静力平衡条件，令 $\sum F_x \leqslant 0$，$\sum F_y = 0$，$\sum M_{G1} = 0$，有：

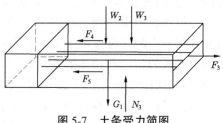

图 5-7　土条受力简图

$$T - F_1 + (G_1 + G_2 + G_3 + W_1 + N_2)\sin\alpha - (F_2 + F_3)\cos\alpha \leqslant 0$$

$$F_{\Delta\mathrm{p}} + N_1 - (G_1 + G_2 + G_3 + W_1 - N_2)\cos\alpha - (F_2 + F_3)\sin\alpha = 0$$

$$(G_2 + N_1)\left(\frac{l_1 + a + s}{2} + \frac{l}{2}\cos\alpha\right) + G_3\left(\frac{a}{2} + s + \frac{l}{2}\cos\alpha\right) +$$

$$F_3\frac{l}{2}\sin\alpha + F_2\left(\frac{l}{2}\sin\alpha - \frac{\delta_1}{2}\right) - \frac{(T + F_1)\delta}{2} - W_1\frac{\delta\sin\alpha}{2} = 0$$

$$G_2 = \gamma_c(s + a)b\delta_1$$

$$G_3 = \gamma_c abh$$

$$F_3 - F_4 - F_5 \leqslant 0$$

$$F_4 = (W_2 + W_3)f_2$$

$$F_5 = N_3 f_2$$

$$N_3 = W_2 + W_3 + W_4$$

$$W_2 = \gamma_1 b_1 h l_1 + \frac{1}{2}\gamma_1 b_1 l_1^2 \tan\alpha$$

$$W_3 = \frac{\gamma_c l_1 b_1 \delta}{\cos\alpha}$$

抗滑稳定计算：

$$K = \frac{N_1 f + (F_2 + F_3)\cos\alpha}{T + (W_1 + G_1 + G_2 + G_3 + N_2)\sin\alpha}$$

式中：F_4、F_5 为土条顶部和土条底部与坝体填筑料之间的摩擦力，kN；W_2 为土条上部对应水平阻滑板顶部泄槽底板重，kN；W_3 为土条上方对应的泄槽底板重，kN；N_3 为坝体填筑料对土条的支持力，kN；G_4 为土条自重，kN；b_1 为土条宽度，与预制钢筋混凝土矩形条体等宽，$b_1 = b$，m；l_1 为锚固钢筋长度，m；δ_2 为预制钢筋混凝土矩形条体厚度，m；f_2 为土条与坝体填筑料之间的摩擦系数，取 0.6；其他符号意义同前。

5.5.3.3　水平阻滑板+水平锚筋的情况

通过以上的分析和计算可知，上述两种加固方式都有各自的优缺点。用水平阻滑板对泄槽底板加固时，水平阻滑板往往要深入坝体内部才能保证底板的稳定，而且在施工过程中水平阻滑板的混凝土强度要达到一定要求后才能进行坝体填筑，这样水平阻滑板的施工就直接影响了坝体乃至整个工程的进展，无形中增加了工程的投资。水平地锚加固形式就克服了这项缺点，因为施工中可以提前把锚筋和地锚（预制混凝土条）埋置在坝体内，等到溢洪道施工到一定高度时与预埋的锚筋焊接即可。与水平阻滑板相比，这种加固方式不会影响坝体填筑的进展。但就其整体性和稳定性来说该方式还不够,因为地锚在水平方向的抗拉效果确实很好,但锚筋的横截面面积很小,与坝料的接触面也小,高速水流经过时在拖曳力、脉动力和各项重力的综合作用下锚筋很有可能在侧向和竖向发生位移,久而久之同样会威胁到泄槽底板的稳定和坝体的安全,该形式的溢洪道一旦失事,其后果要比岸坡式溢洪道严重得多。从以上述分析考虑,水平阻滑板的加固形式又优越于水平地锚的加固形式,不过两者也可以起到互补作用。随着土石坝设计与施工技术的发展,中高土石坝在不断地增多,在中高土石坝上修建坝顶溢洪道的难点是坝越高,溢洪道泄槽内某一固定点的的水流流速就越大,对泄槽底板的稳定破坏作用也更严重,只靠单独地增加锚固板和锚筋的长度不但会破坏坝体的整体性,而且也不一定能保证泄槽底板不被高速水流破坏。现把水平阻滑板和水平地锚的各自优点结合起来提出一种新的加固方式,也就是对溢洪道的泄槽底板同时采用水平阻滑板和水平地锚的复合加固形式(泄槽底板的顶部是水平阻滑板加固,中部是水平地锚加固),见图5-8,泄槽底板受力的示意图见图5-9和图5-10。

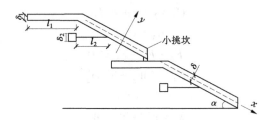

图 5-8　组合式抗滑时泄槽底板示意图

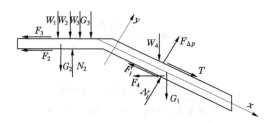

图 5-9　组合式抗滑时泄槽底板的受力示意图

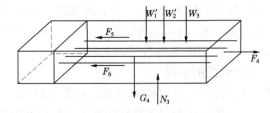

图 5-10　锚筋长度内土条受力示意图

根据静力平衡条件,令 $\sum F_x \leqslant 0$,$\sum F_y = 0$,$\sum M_{G1} = 0$,有:

$$(W_1 + W_2 + W_3 + W_4 + G_1 + G_2 + G_3 - N_2)\sin\alpha - (F_2 + F_3 + F_4) = 0$$

$$N_1 + F_{\Delta P} - (W_1 + W_2 + W_3 + W_4 + G_1 + G_2 + G_3 - N_2)\cos\alpha - (F_2 + F_3 + F_4)\sin\alpha = 0$$

$$G_2\left(\frac{l_1+a+s}{2}+\frac{l}{2}\cos\alpha\right)+G_3\left(\frac{a}{2}+s+\frac{l}{2}\cos\alpha\right)+(W_1+W_2+W_3)\left(\frac{l_1}{2}+a+s+\frac{l}{2}\cos\alpha\right)+$$

$$W_4\frac{\delta}{2}\sin\alpha+F_2\left(\frac{l}{2}\sin\alpha-\frac{\delta_1}{2}\right)+F_3\left(\frac{l}{2}\sin\alpha+\frac{\delta_1}{2}\right)-N_2\left(\frac{l_1+a+s}{2}+\frac{l}{2}\cos\alpha\right)-F_1\frac{\delta}{2}=0$$

$$G_1=\gamma_c lb\delta$$

$$G_2=\gamma_c(s+a+l_1)b\delta_1$$

$$G_3=\gamma_c abh_1$$

$$W_1=\gamma_1 bhl_1+\frac{1}{2}\gamma_1 bl_1^2\tan\alpha$$

$$W_2=\frac{\gamma_c l_1 b\delta}{\cos\alpha}$$

$$W_3=\frac{\gamma_0 l_1 b_1\overline{h}}{\cos\alpha}$$

$$W_4=\gamma_0 l_1 b_1\overline{h}$$

抗滑安全系数:

$$K=\frac{F_1+(F_2+F_3+F_4)\cos\alpha}{T+(W_1+W_2+W_3+W_4+G_1+G_2+G_3-N_2)\sin\alpha}$$

式中:F_4 为水平锚筋的拉力,kN;N_3 为坝体填筑料对土条的支持力,kN;W_1' 为土条顶的坝顶填筑料重,kN;W_2' 为土条顶泄槽底板重,kN;W_3 为土条长度内泄槽底板内的水重,kN;f_3 为土条与坝体填筑料之间的摩擦系数;l_2 为水平锚筋长度,kN;其他符号意义同前。

5.6 抗冲、气蚀控制

泄槽结构宜选择高性能抗冲耐磨混凝土,以提高泄槽自身抗空蚀破坏能力和耐磨能力。

结合结构缝,泄槽底板每隔水平长 15~20 m 设置一道掺气槽,以防止空蚀所造成的局部破坏。同时,应考虑设置掺气槽后造成的水面壅高影响,适当加高边墙。

在挑流鼻坎下游设置长混凝土护坦和边墙,以防止坝趾的冲刷及小泄量对鼻坎基础的冲刷。采取挖冲坑以降低向上游回流的流速,出水渠范围清除河床覆盖层,两侧设置砌石护坡,使出水顺畅,减轻涌浪及回流对下游坝趾的冲刷。

5.7 防 渗

坝身溢流面板坝溢洪道地基渗流来源有:通过上游防渗面板周边缝、板间缝止水失效的渗水;两岸岸坡的绕渗;泄槽底板的渗漏。

坝体溢洪道地基渗流将产生有害的浮托力,对设置在坝体上的泄槽及斜坡稳定性有一定的危害。因此,与一般非溢流混凝土面板堆石坝相比,坝身溢流面板坝应更强调大坝

总体排水的设计,加强大坝整体排水能力:

(1)强化上游面板止水结构,加强趾板坝基灌浆,加强泄槽底板的止水设计,尽可能地减少来自上游以及通过泄槽底板的渗漏。

(2)对于作为溢洪道地基的堆石坝体,应尽量选用渗透系数较大的材料填筑,在溢洪道底板之下应设置一定厚度的排水层并保证排水出路的可靠性。当坝料渗透性不能满足要求时,也可采用交互式填筑,即分层填筑透水料和透水性较差的坝料,各层的厚度可依排水量的要求来确定。

(3)可在大坝下游底部河床部位填筑强透水坝料,并与坝体溢洪道底板之下的排水层连通,使得溢洪道底板之下的渗流能够畅通地排出。例如,新疆榆树沟面板堆石坝在大坝下游的底部靠近河床部位填筑了厚度为12 m的强透水坝料,并与布置在岸坡上的坝体溢洪道地基排水层相连通,形成横向排水,以消除泄槽地基的渗水,取得了良好的效果。

对于普通的挑流消能溢洪道,可在反弧段下部设置排水廊道,以确保排水通畅并方便巡视检修。对于阶梯溢流面可在阶梯内设置专门的通道将渗水直接排向下游河道。

5.8　施工工艺

5.8.1　施工组织

为控制溢洪道结构和面板的次生位移和次生内力,坝身溢流面板坝的施工须遵循一定的工序,详见"5.4.4　施工工序"。

由于坝身溢洪道结构复杂,工种、工序较多,施工时不可避免地要和坝体回填及坝顶公路桥等结构物交叉进行,施工会相互影响,可能会对工期有所影响,因此需要精心的施工组织设计,统筹安排,以确保整个工程施工质量和顺利进行。

5.8.2　细部施工要点

5.8.2.1　锚拉筋施工

锚拉筋分两段施工,在坝体填筑期间,先预埋部分锚筋,锚筋外端不露出垫层表面,伸到垫层表面以下一定长度,以利于垫层斜坡碾压。锚筋外端在泄槽混凝土施工前,从垫层中找出,采用熔槽焊焊接,接长到设计长度。锚筋安装就位后,钢管内灌注 M25 的水泥浆,钢管上、下游各安装一个灌浆嘴,接上皮管进行灌浆。

5.8.2.2　锚端梁施工

锚端梁采用立模现浇。首先在锚端梁部位开挖深槽子,槽子内铺设碎石垫层和 M7.5 砂浆,用平板碾压实;流程浇筑完成后,选用碎石垫层回填沟槽以及其上部一定范围,用手持振动夯夯实;待混凝土达到 2 d 龄期后,开始其上部填筑层施工。

5.8.2.3　锚固板施工

坝体填筑至各层锚固板相应施工高程后,先铺一层碎石垫层,碾压密实后,铺 M7.5 砂浆,用平板碾压实;然后进行锚固板的钢筋制安、立模和混凝土浇筑,待锚固板的混凝土达到 2 d 龄期后,在其上部再铺碎石垫层,用手持振动夯夯实。当上方堆石体填筑厚度大于 0.8 m,且锚固板混凝土龄期超过 3 d 后,才允许进行振动碾压。

为方便施工,锚固板在支撑部位的上游侧分施工缝,施工缝外侧"L"形部分,暂不浇筑,浇筑泄槽底板时,再将"L"形部位的垫层挖除,并用 M5 水泥砂浆抹面固壁。该部位混凝土与泄槽底板同时浇筑。

5.8.2.4　斜坡碾压和砂浆固坡施工

溢洪道段的坝体填筑完毕后,再进行坝坡段人工削坡及斜坡碾压,然后进行固坡砂浆垫层的施工。固坡砂浆垫层的作用是:固坡、作为溢洪道混凝土的找平层和便于侧模的安装固定。溢洪道泄槽基础垫层区,每填筑 15~30 m 进行一次斜坡碾压及砂浆固坡施工。混凝土浇筑前进行人工抹砂浆,便于侧模的安装固定。由于砂浆抹面的平整度直接影响到泄槽底板厚度的均匀性,必须严格控制,其误差不得超过±5 cm。

5.8.2.5　堰首施工

溢流堰的施工工序为:堰体段土方开挖→垫层料回填→底板锚筋施工→砂浆找平层铺筑→溢流堰混凝土浇筑。

5.8.2.6　泄槽底板混凝土浇筑

泄槽底板采用无轨滑模法施工。从泄槽底部开始,滑至第一层锚固板,锚固板及锚固板以上 2 m 段采用翻模,从施工缝处接着滑模施工。一般面板堆石坝的下游坝坡较陡,是整个坝体溢洪道施工的难点。为保证泄槽底板表面的平整度达到设计要求,建议采用滑动模板施工。当泄槽宽度较大时,可用顺水流方向的纵缝(缝内设置止水)将泄槽底板分成若干块,分块进行底板混凝土的滑模施工,滑模后部应设人工抹面平台,便于人工收面。泄槽底板的滑模施工难点在于掺气槽段的浇筑,掺气槽段必须与其后水平段及泄槽底板连为整体,不规则的体型给滑动模板施工带来了很大困难。为解决这一难题,榆树沟工程在施工时采用了滑模"过桥"的方案,即当泄槽混凝土浇筑到掺气槽处时,在掺气槽处用 150 mm×150 mm 木方架立桁架,作为滑模的过桥,将滑模拖至挑坎上侧的坝体上,然后拆除过桥桁架并立模浇筑掺气槽结构。待混凝土硬化达到强度后,在掺气槽上再次滑模支撑架立桁架,将滑模退至桁架上始滑,对上一段泄槽进行浇筑。

第6章　菲古水库坝身溢流面板坝实践

6.1　概　述

云南文山州德厚河流域白牛厂汇水外排工程菲古水库位于德厚河源头区、德厚水库上游区域,工程的建设任务是:水资源保护、农业灌溉。主体工程包括三部分:首部拦截工程、菲古水库工程、外排灌溉工程。菲古水库大坝方案先后经历了坝址比选、坝线比选、坝型比选、泄洪方式比选和枢纽布置方案比选,最后确定在下坝址的中坝线采用坝身溢流泄洪方案。

菲古水库校核洪水位为 1 699.29 m,总库容为 315 万 m^3,正常蓄水位为 1 675 m,兴利库容为 37.5 万 m^3。设计灌溉面积 0.95 万亩,改善灌溉面积 3.6 万亩。菲古水库大坝坝顶高程 1 700.0 m,防浪墙顶高程 1 701.0 m,坝顶总长 230.0 m,河床段趾板建基面高程 1 648.5 m,最大坝高 51.5 m。与岸坡独立溢洪道方案相比,大坝采用坝身溢流面板坝方案可节省直接投资 1 100 万元(数据来自《云南省水利厅关于文山州德厚河流域白牛厂汇水外排工程初步设计报告的批复初设批文》云水规计〔2018〕101 号)。

依托云南文山州德厚河流域白牛厂汇水外排工程菲古水库坝身溢流面板坝设计项目,以菲古水库坝顶溢面板坝设计关注的主要技术问题为导向,通过大量文献的收集、研读、调研、理论研究和三维数值仿真分析,在相关技术现状研究和理论研究的基础上,对坝身溢流面板坝的受力机制、工作特性和工程措施进行研究,同时总结了溢流面板坝的应力变形特点和结构设计要点,这些成果均应用到了菲古水库溢流面板坝的设计和施工中。

目前,菲古水库溢流面板坝已完建,并通过蓄水安全鉴定开始下闸蓄水。挡水前后,坝体和溢洪道的变形观测数据与计算数据总体吻合良好,变化规律一致,表明研究成果具有较高的可信度,运用情况良好。

6.2　基本资料

6.2.1　水文、气象

根据水文专业调查、分析和计算,菲古水库坝身溢流面板坝相关的水文、气象参数见表 6-1。

6.2.2　坝址水位流量关系

菲古水库坝身溢流面板坝坝址断面水位流量关系见表 6-2。

表 6-1 菲古水库坝身溢流面板坝相关的水文、气象参数

项目	单位	数量
坝址以上流域面积	km²	36.6
多年平均径流总量	万 m³	1 755
多年平均输沙量	万 t	0.57
多年平均气温	℃	17.9
多年平均降水量	mm	1 320
多年平均水面蒸发量	mm	1 000
多年平均最大风速	m/s	11.7

表 6-2 菲古水库坝身溢流面板坝坝址断面水位流量关系

水位(m) (1956 年黄海高程系)	流量 (m³/s)	水位(m) (1956 年黄海高程系)	流量 (m³/s)
1 652	0	1 654.2	124
1 652.2	0.94	1 654.4	155
1 652.4	2.87	1 654.6	187
1 652.6	6.33	1 654.8	222
1 652.8	11.7	1 655	259
1 653	19.2	1 655.2	298
1 653.2	29.5	1 655.4	340
1 653.4	42.3	1 655.6	383
1 653.6	57.7	1 655.8	428
1 653.8	75.8	1 656	476
1 654	96.7		

6.2.3 特征水位及库容

菲古水库特征水位及库容见表 6-3。

表 6-3 菲古水库特征水位及库容

项目	单位	数量
校核洪水位	m	1 699.29($P = 0.33\%$)
设计洪水位	m	1 696.63($P = 3.33\%$)
正常蓄水位	m	1 675
死水位	m	1 666
总库容	万 m³	315
正常蓄水位以下库容	万 m³	53.8
死库容	万 m³	16.3
兴利库容	万 m³	37.5
水库调节性能		年调节

6.2.4　地震基本烈度

依据《中国地震动参数区划图》(GB 18306—2015),场区地震动峰值加速度为 0.05g,相应地震基本烈度为Ⅵ度。区域构造稳定性较好。

6.2.5　主要地质资料及参数

菲古水库坝址岩土体主要地质参数建议值见表 6-4,坝址开挖边坡地质建议值见表 6-5。

表 6-4　菲古水库坝址岩土体主要地质参数建议值

岩石名称	风化状态	岩体比重	岩体变形模量 E_0(GPa)	抗剪强度				抗剪断强度				允许承载力 (MPa)	允许抗冲流速 (m/s)
				岩/岩		混凝土/岩		岩/岩		混凝土/岩			
				f	c (MPa)	f	C (MPa)	f'	c' (MPa)	f'	c' (MPa)		
残坡积土	—	—	—	—	—	—	—	—	—	—	—	0.20	0.7
砾卵石层	—	—	—	—	—	0.5	—	—	—	—	—	0.30	1.5
细砂岩	强风化											0.80	1.0
	弱风化	2.75	5~7	0.65		0.6		1.0	0.8	0.9	0.7	2.50	5.5
粉砂岩	强风化											0.60	0.8
	弱风化	2.74	4~5	0.55		0.5		0.8	0.6	0.7	0.4	2.0	4.5
弱风化岩层面			0.5					0.7	0.3				

表 6-5　菲古水库坝址开挖边坡地质建议值

类型	10 m 以下			
	临时		永久	
	水上	水下	水上	水下
残坡积土	1:1.25	1:1.5	1:1.5	1:1.75
卵石	1:1.50	1:1.6	—	—
强风化细砂岩	1:0.6	1:0.65	1:0.65	1:0.7
弱风化细砂岩	1:0.35	1:0.4	1:0.4	1:0.45
强风化粉砂岩	1:0.65	1:0.7	1:0.7	1:0.75
弱风化粉砂岩	1:0.4	1:0.45	1:0.45	1:0.5

注:表中值用于横向坡及逆向坡。顺向坡以不大于岩层倾角为开挖坡角。

6.3　工程等级和标准

6.3.1　工程等别、建筑物级别及相应洪水标准

白牛厂汇水外排工程位于云南省文山州文山市境内,位于德厚河源头区、德厚水库上游区域,工程的建设任务是水资源保护、农业灌溉。主体工程包括三部分:首部拦截工程、菲古水库工程、外排灌溉工程。菲古水库大坝采用混凝土面板堆石坝方案,最大坝高51.5 m,水库校核洪水位为 1 699.29 m,总库容为 315 万 m^3,正常蓄水位为 1 675 m,兴利库容为 37.5 万 m^3。设计灌溉面积 0.95 万亩,改善灌溉面积 3.6 万亩。

根据《防洪标准》(GB 50201—2014)和《水利水电工程等级划分及洪水标准》(SL 252—2017)的规定,按水库总库容确定水库工程等别属Ⅳ等,规模为小(1)型。主要建筑物菲古水库面板堆石坝和溢洪道为 4 级建筑物,消能防冲建筑级别为 5 级。

德厚河流域处于滇东南低纬度季风气候区,雨季(5~10 月)主要受西南与东南暖湿气流的控制,当与南下冷空气相遇往往形成大量降水,或当冷空气与其实力均衡,或在两高压之间的高空切变线时易产生大雨、暴雨或冰雹。汛期洪水洪峰流量历时短、洪量大,具有暴涨暴落的特点。主要建筑物面板堆石坝及黏土心墙堆石坝按 30 年一遇洪水设计,300 年一遇洪水校核;消能防冲建筑物洪水标准为 20 年一遇。

6.3.2　抗震设计标准

根据《中国地震动参数区划图》(GB 18306—2015),本工程区坝址及库区地震动峰值加速度为 0.05g,相应地震基本烈度为Ⅵ度。工程抗震设计烈度为Ⅵ度。

6.3.3　溢洪道抗滑稳定安全系数

根据《溢洪道设计规范》(SL 253—2018)的规定,溢洪道堰(闸)基抗滑稳定安全系数允许值见表 6-6。

表 6-6　溢洪道堰(闸)基抗滑稳定安全系数允许值

荷载组合	按抗剪断强度公式计算的安全系数 K
基本组合	3.0
特殊组合(1)	2.5
特殊组合(2)	2.3

6.3.4　使用年限

根据《水利水电工程合理使用年限及耐久性设计规范》(SL 654—2014),按各建筑物的类别和级别确定合理使用年限,见表 6-7。

表 6-7　主要建筑物合理使用年限

建筑物名称	级别	合理使用年限(年)
面板堆石坝	4 级	50
泄水建筑物	4 级	50
消能防冲建筑物	4 级	50

6.4　大坝轴线选择

　　根据拟定建坝河段的综合条件,选择两处适合建坝的位置作为坝址比选方案,并选定位于牛作底村下游约 4 km 处的下坝址作为本工程推荐坝址,在推荐坝址附近选择上、中、下 3 处作为坝线比选方案,上坝线与中坝线相距约 80 m,中坝线与下坝线相距约 100 m。

　　经对 3 条坝线进行地质勘探和枢纽初步布置,同时考虑连通引水工程和外排灌溉工程线路布置、施工布置等因素,从地形、地质、建材、枢纽布置、施工条件、库区淹没损失、工程投资等方面进行技术经济论证比较,选定推荐中坝线方案。

6.5　坝型选择

6.5.1　基本坝型

　　根据地形、地质条件及天然建筑材料,推荐的坝线(中坝线)基本具备布置重力坝、黏土心墙堆石坝和面板堆石坝的建坝条件。初拟了碾压混凝土重力坝、黏土心墙堆石坝和面板堆石坝方案。对拟订的方案,从地形地质、建材情况、工程布置、施工条件及投资等方面对上述坝型综合论证比较,选出基本坝型。

6.5.2　坝型方案一(碾压混凝土重力坝)

　　枢纽主要建筑物包括碾压混凝土重力坝、溢流表孔等。

　　根据地形和地质条件,大坝呈直线布置,坝轴线和河流走向基本垂直。拦河坝采用碾压混凝土重力坝,坝顶高程 1 699.5 m,最大坝高 61.5 m,坝顶总长 268 m,共分 13 个坝段,从左到右依次为左岸非溢流坝段、河床溢流坝段、右岸非溢流坝段。

　　左岸非溢流坝段由桩号坝 0+000 至坝 0+128,右岸非溢流坝段由桩号坝 0+148 至坝 0+268,两岸非溢流坝段坝顶总长 248 m,坝顶宽 8 m。非溢流坝段标准剖面上游面铅直,下游坝坡为 1∶0.75,起坡点高程 1 688.33 m。

　　表孔溢流坝段布置于河床中部,桩号坝 0+128 至坝 0+148,前缘长 20 m,设 1 个开敞式无闸控制泄洪孔,孔口尺寸为 8 m×4.38 m(宽×高),闸顶高程与非溢流坝平齐,为 1 699.5 m。堰顶高程 1 695.12 m,堰面采用三圆弧曲线,下游采用 WES 幂曲线 $y = 0.193 2x^{1.85}$,堰面曲线下游与 1∶0.75 斜直线相切连接,后接半径为 15 m 的反弧段,采用连续式挑流鼻坎挑流消能,鼻坎末端高程为 1 659.54 m,挑角 26.21°。闸墩厚度为 2 m,

闸墩顺水长度为 8 m,墩顶上游布置坝顶交通桥,宽 6.77 m。两边墩下游接导墙伸至挑坎末端,墙身厚 1.2 m。

大坝共分 13 个坝段,共设 12 条横缝和 11 条坝面伸缩短缝,每条缝上游设 2 道铜片止水。为灌浆、排水、交通、观测需要,大坝廊道分两层布置,上游侧 1 641 m 高程布置基础灌浆排水廊道,断面尺寸为 3.0 m×3.5 m(宽×高);1 669 m 高程布置 1 条交通观测廊道,断面尺寸为 2.0 m×2.5 m(宽×高),两岸布置斜向基础廊道。左岸 6#非溢流坝段下游侧布置电梯井,作为连接各水平廊道及坝顶的垂直交通。

坝体混凝土采用全断面碾压,大坝内部采用 R150 三级配碾压混凝土,大坝上游面采用富胶凝材料 R200 二级配碾压防渗混凝土,并在迎水面设置 50 cm 厚的变态混凝土,二级配防渗混凝土厚度 3.5 m。在灌浆排水廊道、交通廊道、电梯井等坝体孔洞部位周边采用变态混凝土,厚度初定为 50 cm。为提高坝体下游面及坝顶混凝土层的防渗性、耐久性及施工方便,该部位采用富胶凝材料的 R200 变态混凝土。为防止泄洪时高速水流对溢流坝面的冲刷,堰面采用 C35 常态抗冲磨混凝土,厚 1.5 m。为使坝体与基础更好地相结合,河床坝段坝体与基岩接触面设 1.5 m 厚 C20 常态混凝土基层,岸坡坝段与基岩接触面设 0.8 m 厚变态混凝土基层。

根据坝址基岩风化卸荷程度等实际情况,结合岩层物理力学指标及混凝土与基岩接触面抗剪断强度指标,河床溢流坝段建基面基本置于弱风化中部,两岸非溢流坝段建基面置于弱风化中上部,最低建基高程 1 638.0 m,对坝基存在的地质缺陷,如断层破碎带、夹泥等采用挖槽回填混凝土的措施处理。左右岸坝体边坡开挖坡度在 1:1.1 至 1:3.3 之间,坝体以外开挖边坡在 1:0.7 至 1:1.2 之间。坝体外边坡采用喷锚支护,喷混凝土 C20 厚度 15 cm,锚杆采用 φ25,锚杆入岩 4.5 m,间排距 2.5 m,梅花形布置。对两岸坝头永久边坡设排水孔,间排距 3 m、长 2 m,梅花形布置。

考虑到坝基基础开挖爆破的影响,为提高基础的完整性和均匀性,加强基础整体承载力,减少变形,降低坝基的渗透性,对坝基进行固结灌浆处理,对建基面全范围固结灌浆,灌浆深度 6~10 m,孔排距 3 m,梅花形布置。对软弱破碎带采取加密、加深或采取其他的工程措施。

开挖边坡陡于 1:1 的坝基,为防止沿陡坡面渗流,加强混凝土与坝基岩体的结合,陡坡坝体与接触面进行接触灌浆。

根据坝址基岩渗透地质剖面及地质钻孔资料,借鉴国内外已建工程经验,坝基渗流及扬压力控制采用防渗帷幕与排水系统相结合。根据《混凝土重力坝设计规范》(SL 319—2018),下坝址重力坝最大坝高 61.5 m,小于 70 m,为中坝,其防渗标准为 3~5 Lu,综合考虑坝高、水文地质等因素,本工程大坝防渗标准采用 5 Lu。帷幕深度深入相对不透水层(q<5 Lu)以下 5 m,帷幕底线最低高程为 1 637 m,最大孔深 26 m。两岸帷幕延伸至相对不透水层处,本工程帷幕线长 285 m,防渗面积 0.32 万 m^2。帷幕灌浆在有基础灌浆廊道的坝段由基础灌浆廊道钻孔灌入,没有灌浆廊道的坝段由坝顶钻孔灌入。初步确定为单排孔,孔距 2.0 m。

为降低坝基扬压力,帷幕后设排水孔,排水孔孔距 3 m,孔深为帷幕灌浆孔孔深 50%左右,并不小于 10 m。

混凝土重力坝方案枢纽平面布置见图6-1。

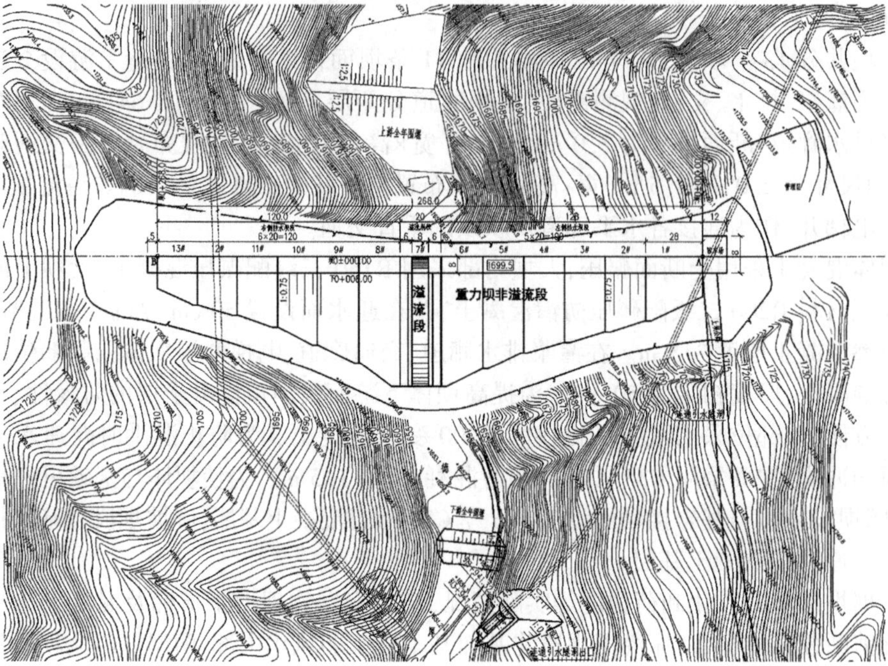

图6-1　混凝土重力坝方案枢纽平面布置

6.5.3　坝型方案二(黏土心墙堆石坝)

6.5.3.1　黏土心墙堆石坝

大坝坝顶长210 m,坝顶宽度8 m,坝顶高程1 699.5 m,最大坝高48.5 m,坝顶上游侧设防浪墙,墙顶高出坝顶0.5 m,墙顶高程1 700 m。大坝上游坡分2级,坡比从上至下为1:2.0、1:2.5;下游分3级坡,坡比从上至下为1:1.8、1:1.8、1:1.75。上游一级马道高程1 673.0 m、宽2 m。下游一级马道高程1 674.5 m、宽2 m,下游二级马道高程1 655 m、宽4 m。上游护坡采用15 cm厚C25混凝土,下游1 674.5 m高程以下采用50 cm厚干砌石护坡。排水棱体高程为1 655 m。

坝体分区由上游至下游依次为上游填筑区、反滤层、中心防渗区、反滤层、下游填筑区、排水棱体。上、下游填筑区的强、弱风化料采用石料场开采的强、弱风化混合料,并充分利用溢洪道及隧洞的开挖料,压实相对密度不小于0.75。坝体防渗采用黏土心墙,黏土心墙墙顶高程1 699.2 m,顶宽3 m,心墙上、下游坡度均为1:0.25。防渗土料渗流系数小于$1×10^{-5}$ cm/s,压实度为96%,小于0.005 mm的黏粒含量不大于40%,有机质含量不大于2%,水溶盐含量不大于3%,心墙上、下游分别设有1.5 m厚的中粗砂和1.5 m厚的级配碎石反滤层。排水棱体填筑孔隙率不大于28%。心墙底部设C25混凝土压浆板,厚1.0 m,两岸及河床均采用帷幕灌浆防渗,防渗标准按5 Lu控制,灌浆孔布置一排,孔距为2 m,孔深深入相对不透水层5 m。

6.5.3.2　溢洪道

溢洪道位于右岸,布置在大坝右坝肩,由引渠、控制段、泄槽段和挑流鼻坎等组成。溢洪道轴线与坝轴线交角为67°。桩号溢 0-078.9—溢 0+000 为引渠,渠底高程 1 690.02 m;桩号溢 0-037.6—溢 0-010.0 为转弯段,转弯半径 20 m,转角 79°。引渠左侧设导墙,右侧沿圆弧形开挖接地面,之间形成引水渠进水平台,引渠长约 78.9 m。桩号溢 0-010.0—溢 0+000.0 渠底采用 50 cm 厚 C20 混凝土砌护,右侧 1 699 m 高程以下开挖边坡采用 50 cm 厚 C25 混凝土砌护。桩号溢 0+000.0—溢 0+018.2 为控制段,设 1 孔 8 m×6.2 m(宽×高)开敞式无闸门控制表孔,堰面采用三圆弧曲线,下游采用 WES 幂曲线 $y = 0.205\ 3x^{1.85}$,堰面曲线下游与 1:1 斜直线相切连接,后接半径为 9 m 的反弧段,堰顶高程为 1 693.8 m,闸顶高程为 1 700 m,边闸墩厚度为 2 m,中闸墩厚度为 2 m,闸墩顺水长度为 18.2 m,墩顶下游布置坝顶人行桥,宽 3 m。桩号溢 0+018.2—溢 0+198.2 为泄槽段,底坡为 1:5.5。泄槽净宽 8 m,底板宽 9.6 m、厚 1.0 m,侧墙采用重力式挡墙。泄槽下游接连续式挑流底坎,桩号溢 0+198.2—溢 0+215.2,挑坎反弧半径为 25 m,鼻坎末端高程为 1 662.12 m,挑角 30°。

黏土心墙堆石坝方案枢纽平面布置见图 6-2。

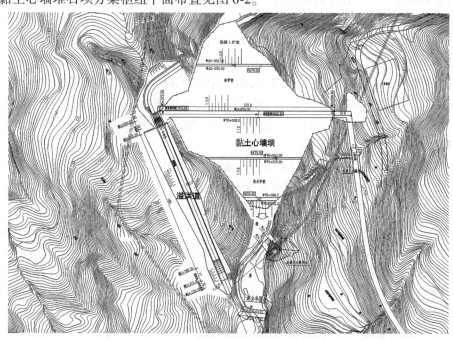

图 6-2　黏土心墙堆石坝方案枢纽平面布置

6.5.4　坝型方案三(坝身溢流式面板堆石坝)

常规混凝土面板堆石坝方案由于右岸无天然垭口,溢洪道开挖将形成 15~30 m 的高边坡,开挖量大,工程造价高,且容易出现边坡稳定问题。

将正常溢道或非常溢洪道直接布置在面板堆石坝上,具有简化枢纽布置、使水流顺畅、节约工程造价、方便施工等一系列优点,国内外已有一些成功的实际工程,例如新疆榆树沟水库、浙江桐柏抽水蓄能电站等采用了坝身溢流式面板堆石坝坝型。

6.5.4.1　混凝土面板堆石坝

根据现阶段国内外的建设经验,运用坝身溢洪道的一般限制条件是最大落差在 50 m 左右,单宽流量小于 20 m³/(s·m),泄槽最大流速不超过 30 m/s,这主要取决于面板坝的具体特点。结合本工程上下游最大落差为 45 m,校核洪水位时泄洪流量为 91.2 m³/s,初步拟定溢洪道净宽为 8 m,单宽流量 11.4 m³/(s·m),确定校核洪水位为 1 698.11 m。面板坝的坝顶高程按《碾压式土石坝设计规范》(SL 274—2020)中的公式计算,校核洪水位为控制工况,经计算防浪墙顶高程为 1 700.0 m,面板坝坝顶高程为 1 699.5 m。坝顶全长 230 m,坝顶宽 6 m,坝顶上游设防浪墙,墙高 3.3 m,墙高出坝顶 0.5 m,坝顶下游设 C20 混凝土排水沟。

1.坝体结构

根据地形和地质条件,大坝呈直线布置,坝轴线大致垂直河流走向。拦河坝采用钢筋混凝土面板堆石坝,由桩号坝 0+000 至坝 0+230,坝顶高程 1 699.5 m,河床趾板最低建基面高程 1 648 m,最大坝高 51.5 m,坝顶宽度 6 m,坝顶总长 230 m。大坝上游坡比为 1:1.4;下游坡在 1 675.2 m 高程设置一级马道,马道宽 3 m。为减少坝体工程量,降低工程造价,坝顶上游侧设"L"形防浪墙,墙高 3.3 m,顶部高程为 1 700.0 m,高出坝顶 0.5 m,防浪墙上游底部设置 0.7 m 宽的小道以利于检查行走。

坝体分区从上游到下游依次为上游盖重区 1B(顶部水平宽度 5 m,顶部高程 1 667 m)、上游铺盖区 1A(顶部水平宽度 2 m,顶部高程 1 665 m)、C25 混凝土面板 F(厚 t = 0.45 m)、垫层区 2A(水平宽度 3 m)、过渡区 3A(水平宽度 3 m)、主堆石区 3B(上游坡 1:1.4,下游坡 1:0.5)、次堆石区 3C(顶部高程 1 688.7 m,底部高程 1 661 m)、下游块石护坡(厚 1 m)。

面板采用 C25 混凝土,厚度 t = 0.45 m,面板的截面中部设置单层双向钢筋,以承受混凝土温度应力和干缩应力。为适应坝体变形,对面板进行分缝,共设 14 条垂直缝,垂直缝间距 16 m。面板、趾板结合处设周边缝,不设水平施工缝。

趾板采用 C25 混凝土,与面板共同形成坝基以上的防渗体。本工程趾板采用平趾板,趾板厚 0.6 m,趾板宽度 5 m。趾板每隔 16 m 设一条伸缩缝。趾板表面设一层双向钢筋。为加强趾板与基础的连接,防止灌浆抬动趾板,在趾板上布置 $\phi25$ Ⅱ 级锚筋,锚筋长 5 m,间排距 2 m。

2.坝体材料及填筑标准

(1)垫层料:采用料场灰岩料。拟定垫层料最大粒径为 80 mm,小于 5 mm 的颗粒含量为 35%~55%,小于 0.75 mm 的泥质含量控制在 4%~8%,孔隙率 18%,设计干密度为 2.189 g/cm³。垫层料下端设特殊垫层小区,用来保护周边缝,采用新鲜料加工,将垫层料筛除大于 4 cm 以上颗粒后作为小区料使用,最大粒径 4 cm。垫层区的上游坡面要求认真修坡、压实,以便于混凝土浇筑。

(2)过渡料:采用料场灰岩料。拟定过渡料最大粒径为 300 mm,小于 5 mm 的颗粒含量为 20%~30%,小于 0.075 mm 的颗粒含量为 0~5%,孔隙率 19%,设计干密度为 2.163 g/cm³。

(3)主堆石区:是面板坝的主体,要求具有低压缩性、高抗剪抗压强度,自由排水,施工期及运行期均不产生孔隙水压力。本工程主堆石料采用料场灰岩料，最大粒径为 800 mm，小于 5 mm 颗粒的含量为 5%~20%，小于 0.075 mm 的颗粒含量为 0~5%，孔隙率 22%，设计干密度为 2.083 g/cm³。

(4)次堆石区：下游次堆石区处于坝体下游水位以上的干燥部位，其变形对坝体和面板变形影响不大，主要保证坝体下游边坡的稳定，采用溢洪道及隧洞开挖料，拟定最大粒径 800 mm，小于 5 mm 的颗粒的含量为 5%~20%，小于 0.075 mm 的颗粒含量为 0~5%，次堆石区填筑标准孔隙率 23%，设计干密度为 2.002 g/cm³。

3. 坝基处理

基础开挖：趾板及趾板下游 1/6 坝基范围开挖至强风化中部(两岸坝高小于 30 m 的坝段)~弱风化上部(其余坝段)，坝轴线上游其余坝基需挖除覆盖层，坝轴线下游坝基仅清除表面 1 m 覆盖层。

固结灌浆：趾板地基需要进行固结灌浆。灌浆孔总共布置三排，在防渗帷幕的上游布置一排，下游布置两排，间距 3 m、排距 2 m，梅花形布置，孔深 8 m。

帷幕灌浆：两岸及河床均采用帷幕灌浆防渗，防渗标准按 5 Lu 控制，灌浆孔布置一排，孔距为 2 m，孔深深入相对不透水层 3~5 m。

边坡开挖支护：开挖边坡坡度：卵石层开挖边坡 1:1.5，残坡积土 1:1.2，强风化基岩 1:0.7，弱风化基岩 1:0.45。两岸坝肩边坡高度均为 15 m 左右，开挖采用一次开挖到顶，永久边坡残坡积土坡度采用 1:1.2，强风化基岩 1:0.7。岩质边坡采用喷锚支护，喷 C20 混凝土厚 100 mm，边坡设 $\phi25$ 的砂浆锚杆，长 4.5 m，间、排距 3 m。土质边坡采用框格草皮护坡。

6.5.4.2　坝身溢洪道

坝身溢洪道位于面板堆石坝桩号 0+060—0+071，前缘宽度 11 m，由控制段、泄槽及消能工组成。

溢洪道净宽为 8 m，堰顶高程 1 695.12 m，堰底部高程 1 689.62 m，下部为厚 1.5 m 的垫层区，堰面采用三圆弧曲线，下游采用 WES 幂曲线 $y = 0.174\,9x^{1.81}$，堰面曲线下游与 1:1.6 斜直线相切连接，控制段长 19 m，两侧边墩厚 1.5 m，墩顶高程 1 699.5 m，边墩前缘为半径 1 m 的圆弧，上部设交通桥，桥宽 6 m，连接两侧面板坝坝顶，控制段采用 C30 混凝土。考虑到面板堆石坝坝体的低抗剪性能，溢流堰宜采用不设闸门的自由溢流方式。

泄槽采用矩形断面，底坡为 1:1.6，净宽 8 m，导水墙厚 1.0 m，水平全长 63.3 m，为混凝土矩形槽结构。为防止与脉动水流产生谐振，泄槽底板厚度采用 1.0 m 钢筋混凝土结构，并进行双层配筋，以加大底板刚度，提高自振频率。为了具有较好的耐久性和抗裂性能，底板及两侧导水墙采用 C45 高性能混凝土浇筑。在泄槽底板增设长 10 m 的锚筋 $\phi28$，间距 3 m，以增加其间的连接强度，提高泄槽在斜坡面上的稳定性，加强系统的整体性。在坝下 0+020 和坝下 0+040 的位置设 2 道掺气槽，以防止空蚀所造成的局部破坏。在掺气槽处，上、下段底板结合部采用滑动连接结构，以适应槽身的伸缩和小量的转动，消除超静定应力所带来的不利影响和保证泄槽具有足够的适应变形的能力。泄槽底板下分别铺垫厚 1.0 m 的垫层区和 1.5 m 的过渡区。为减少溢洪道的变形，溢洪道部位取消次堆石区，全部采用主堆石区的填筑标准。

泄槽下游接连续式挑流底坎,桩号坝下 0+080.00 至坝下 0+098.3,挑坎反弧半径为 25 m,鼻坎末端高程为 1 651.29 m,挑角 30°。为了防止洪水出消能工后对下游坝脚产生回水冲刷,在挑流鼻坎后建长 20 m、厚 1 m 的护坦,护坦逐渐扩宽。

坝身溢流面板堆石坝方案枢纽平面布置见图 6-3,溢洪道纵剖面图见图 6-4。

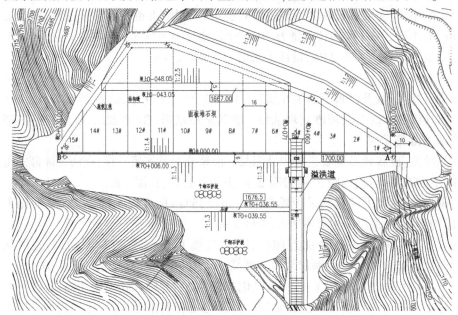

图 6-3　坝身溢流面板堆石坝方案枢纽平面布置

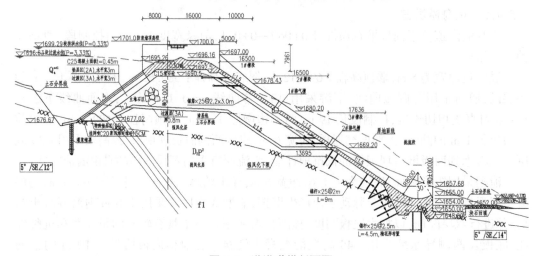

图 6-4　溢洪道纵剖面图

6.5.5　坝型比选

坝型主要从地形条件、地质条件、天然建筑材料、工程布置、施工条件、工程投资等方面进行技术经济比较后确定。

6.5.5.1　地形条件

坝址河谷窄而陡,坝体工程量均较小。坝址处无天然垭口,不利于岸坡溢洪道的布置。

6.5.5.2　地质条件

坝址所处的地貌为侵蚀深切中山地形,两岸地形坡度多在 30°以上,中上部较缓。坝址建筑物地基的岩体主要由细砂岩、粉砂岩及二者互层组成,河床冲积层以下即为弱风化,左岸强风化厚度约 0.5 m,右岸强风化厚度约 3.8 m。地层为泥盆系中统坡脚组(D_2p):灰色、深灰色细砂岩、粉砂岩。细砂岩饱和单轴抗压强度平均值 $R_b = 59.51$ MPa,属中硬岩;粉砂岩饱和单轴抗压强度平均值 $R_b = 41.27$ MPa,属中硬岩。

对于重力坝方案而言,河床坝基及左坝肩岩体均为泥盆系中统坡脚组(D_2p)细砂岩、粉砂岩,坝基弱风化岩体综合强度满足设计要求,可利用弱风化岩作为坝基础地,但是坝基岩体由两个岩组组成,岩组间变形模量差异不大,坝基岩体粉砂岩久放易出现干裂,重力坝属硬坝,且坝高属高坝,坝址区岩层产状总体为 5°~35°/SE∠12°~25°,岩层倾角缓,加之坝基上部岩体完整性较差,岩体裂隙基本以中陡倾角为主,大坝的抗滑稳定问题较突出。

对于黏土心墙堆石坝而言,只要清除河床及两岸腐殖土表层,可大大减少坝基开挖工程量,也不存在抗滑稳定问题,溢洪道开挖将形成较高边坡,需加强永久护坡及坡体排水处理。

对于坝身溢流面板堆石坝而言,只要清除河床覆盖层及两岸残坡积层表层,坝基强~弱风化岩均可满足建坝强度与变形要求,并可大大减少坝基开挖工程量,也不存在抗滑稳定问题,趾板处仍需以弱风化基岩作为持力层,溢洪道无须开挖高边坡。

上述分析说明,坝身溢流式面板堆石坝方案对地形、地质条件要求低,适应性较好。

6.5.5.3　天然建筑材料

重力坝天然建材方面,周围天然骨料匮乏,一般采用人工骨料。坝址下游 400 m 即有泥盆系中统东岗岭组(D_2d)中层~块状隐晶和细晶灰岩可满足要求。考虑到料场开挖对周边环境及村庄的影响,本次建议开采坝址以东约 3 km 处泥盆系中统东岗岭组(D_2d)中层~块状隐晶和细晶灰岩。

黏土心墙堆石坝要求质量上乘、一定储量的黏土防渗料,而枢纽区周围受地形(峡谷)、岩性(中硬岩但易软化)影响,没有合适的土料源,地质调查较为合适的土料分布在以奈黑村东北约 2 km 处,距离 2#坝址约 12.5 km,有厚度 5~6 m 的风化土料,储量能满足设计要求,其黏粒含量较高,经工程处理后质量可以满足防渗土料的要求。

坝身溢流面板堆石坝天然建材方面,面板堆石坝主堆石料与过渡料、垫层料所需的石料均要求坚硬、耐风化,因此需硬岩的石料,坝址下游 400 m 即有泥盆系中统东岗岭组(D_2d)中层~块状隐晶和细晶灰岩可满足要求。考虑到料场开挖对周边环境及村庄的影响,本次建议开采坝址以东约 3 km 处泥盆系中统东岗岭组(D_2d)中层~块状隐晶和细晶灰岩。

天然建筑材料三方案均能满足,但黏土心墙堆石坝所需黏土料运距过远,且土料性状欠佳。

6.5.5.4 工程布置

碾压混凝土重力坝方案,泄水建筑物布置在大坝上,枢纽布置紧凑,运行管理方便,运行期维护较少;黏土心墙堆石坝方案,根据地形条件,溢洪道布置在右岸,建筑物布置较为分散,不利于管理,溢洪道开挖存在高边坡;坝身溢流面板堆石坝方案,泄水建筑物布置在大坝上,枢纽布置紧凑,运行管理方便,运行期维护较少。

因此,工程布置碾压混凝土重力坝方案及坝身溢流面板堆石坝方案优于黏土心墙堆石坝方案。

坝型主要工程特性和工程量对比分别见表 6-8 和表 6-9。

表 6-8　坝型比较各方案主要特性

项目	单位	数量或特征		
		碾压混凝土重力坝	黏土心墙堆石坝	坝身溢流面板堆石坝
校核洪水洪峰流量	m³/s	200(P=0.5%)	211(P=0.33%)	211(P=0.33%)
设计洪水洪峰流量(P=3.33%)	m³/s	139	139	139
正常蓄水位	m	1 675	1 675	1 675
死水位	m	1 666	1 666	1 666
兴利库容	万 m³	37.5	37.5	37.5
水库总库容	万 m³	289.4	295	295
上游校核洪水位	m	1 697.76(P=0.5%)	1 698.11(P=0.33%)	1 698.11(P=0.33%)
下游校核洪水位	m	1 653.73(P=0.5%)	1 653.95(P=0.33%)	1 653.95(P=0.33%)
校核洪水位相应下泄流量	m³/s	78.1	91.2	91.2
上游设计洪水位(P=3.33%)	m	1 695.42(P=3.33%)	1 695.42(P=3.33%)	1 695.42(P=3.33%)
下游设计洪水位(P=3.33%)	m	1 652.65(P=3.33%)	1 652.65(P=3.33%)	1 652.65(P=3.33%)
设计洪水位相应下泄流量	m³/s	7.7	7.7	7.7
坝型		碾压混凝土重力坝	黏土心墙堆石坝	面板堆石坝
坝顶高程	m	1 699.5	1 699.5	1 699.5
坝顶长度	m	268	210	230
最大坝高	m	61.5	49.5	50.5
泄水建筑物形式		溢流坝(段)	岸边溢洪道	坝身溢洪道
孔口尺寸及孔数(宽×高—孔数)	m×m	8×4.38—1	8×4.38—1	8×4.38—1
堰顶高程	m	1 695.12	1 695.12	1 695.12

续表 6-8

项目	单位	数量或特征		
		碾压混凝土重力坝	黏土心墙堆石坝	坝身溢流面板堆石坝
最大单宽流量	m³/(s·m)	11.4	11.4	11.4
消能方式		挑流消能	挑流消能	挑流消能
移民人口	人	0	0	0
征地面积	亩	411.13	1 368.17	468.17
总工期	月	34	32	34
工程总投资	万元	21 051.6	12 163.5	11 327.5

表 6-9　坝型比较枢纽主要工程量

项目	单位	碾压混凝土重力坝	黏土心墙堆石坝	坝身溢流面板堆石坝
土方开挖	万 m³	23.2	6.9	11.3
石方开挖	万 m³	13.2	3.7	11.8
常态混凝土	万 m³	3.5	0.5	2.2
碾压混凝土	万 m³	25.6		
垫层料	万 m³			2.8
过渡料	万 m³		5.0	2.9
主堆石料	万 m³			21.8
次堆石料	万 m³		31.4	4.9
黏土防渗料	万 m³		8.3	
大块石护坡	万 m³		1.5	1.3
喷混凝土	万 m³	0.1	0.1	0.1
固结灌浆	万 m	2.1	0.2	0.4
帷幕灌浆	万 m	0.2	0.4	0.4
钢筋制安	t	462.9	436.3	1 543.9

6.5.5.5　施工导流、施工条件、施工布置及施工工期

1.施工导流

面板堆石坝和黏土心墙坝方案均采用一次拦断河床、隧洞导流、枯水围堰挡水,汛期

利用坝体临时拦洪度汛导流方式,汛期导流洪水标准为全年 20 年一遇设计洪水。混凝土重力坝采用一次拦断河床、隧洞导流、全年围堰挡水导流方式,汛期利用导流隧洞泄流,一汛导流标准为全年 5 年一遇设计洪水。

堆石坝、心墙坝施工导流设计全年 20 年一遇洪水和重力坝施工导流设计全年 5 年一遇洪水相应设计流量分别为 125 m³/s、76 m³/s,两设计流量相应约 50%,各种坝型导流隧洞洞径都选择 3 m×4 m(宽×高)的城门洞形。根据水工各坝型平面布置方案,面板堆石坝方案将溢洪道布置在河床段的坝上,避免了右岸溢洪道施工,导流隧洞布置在右岸,导流隧洞出口布置仅考虑下游围堰及连通隧洞出口施工期安全便可,导流隧洞轴线长约396 m;重力坝方案上游采用全年围堰布置,进口有布置围堰空间,导流隧洞出口布置与面板坝方案一致,导流隧洞轴线长约 403.61 m;黏土心墙坝方案,在右岸岸坡上修建溢洪道,导流隧洞出口为了避免溢洪道开挖影响适当向下游调整,导流隧洞轴线长约 535.5m。从这三种坝型来看,引起导流隧洞轴线的长短主要受建筑物溢洪道布置影响。面板堆石坝方案和黏土心墙坝方案汛期均利用坝体挡水,节省了施工围堰投资,而重力坝方案需在上游修建全年围堰挡水,因此从围堰和导流联隧洞的共同投资比较,经计算,面板堆石坝方案导流投资 1 563.76 万元,黏土心墙坝方案导流投资 2 154.41 万元,重力坝方案导流投资 1 578.49 万元。因此,三种坝型里黏土心墙坝方案的导流工程投资最大,面板堆石坝方案导流工程投资最省。

2. 施工条件及施工布置

坝址区两岸地型较陡,修建施工道路均较困难。石料场位于下游 4 km 的山上,满足建坝要求的防渗土料场距离坝址约 14 km,工程碎石及砂均需采用人工骨料,渣场布置场地相同,因此各种坝型的工程弃渣运距都相同,施工条件均相当,不同区别在于各种坝型所需天然建筑材料用量的征地范围不一样,工程弃渣量不一样。经分析,工程弃渣方面重力坝方案最多,黏土心墙坝方案最少;施工临时占地方面面板堆石坝方案最大,重力坝方案最少。因此,三种坝型的施工条件和施工布置条件相当。

3. 施工工期

碾压混凝土重力坝方案及混凝土面板堆石坝方案施工工期均为 34 个月,黏土心墙坝方案施工工期为 32 个月。

综上所述,施工导流方面,重力坝方案和面板堆石坝方案费用较低,相比黏土心墙坝方案节省约 500 万元。三种坝型施工条件和施工布置相当,黏土心墙坝方案工期最少,考虑到工期比较仅提前 2 个月,因此分析面板堆石坝方案最优。

6.5.5.6 工程投资

碾压混凝土重力坝方案工程总投资为 21 051.6 万元,黏土心墙堆石坝方案工程总投资为 12 163.5 万元,面板堆石坝方案投资 11 327.5 万元。

6.5.5.7 结论

坝型方案综合比较详见表 6-10。

表 6-10 坝型方案综合比较

项目	碾压混凝土重力坝	黏土心墙堆石坝	坝身溢流面板堆石坝	比较结果
地形地质	河谷陡而窄,坝址区未见大的断层发育,覆盖层及风化层较薄。坝基岩体粉砂岩久放易出现干裂。岩层倾角缓,加之坝基上部岩体完整性较差,岩体裂隙基本以中陡倾角为主,大坝的抗滑稳定问题较突出。大坝基础开挖量较大	河谷陡而窄,坝址区未见大的断层发育,覆盖层及风化层较薄,坝基以硬岩为主,可满足建坝强度与变形要求。大坝及基础处理工程量均不大,坝址无天然垭口,不利于溢洪道布置	河谷陡而窄,坝址区未见大的断层发育,覆盖层及风化层较薄,坝基以硬岩为主,可满足建坝强度与变形要求。大坝及基础处理工程量均不大,坝身溢洪道布置无须天然垭口	堆石坝占优
天然建材	石料场位于坝址以东约 3 km 处泥盆系中统东岗岭组(D₂d)中层~块状隐晶和细晶灰岩	黏土防渗料分布在以奈黑村东北约 2 km 处,距离 2#坝址约 14 km,运距远,且土料黏粒含量较高,若要使用,需经过处理	石料场位于坝址以东约 3 km 处泥盆系中统东岗岭组(D2d)中层~块状隐晶和细晶灰岩	重力坝和堆石坝基本相同,优于黏土心墙坝
工程布置	大坝布置在河床,泄洪建筑物布置在大坝上,布置紧凑,管理方便	大坝布置在河床,溢洪道布置在右岸,建筑物较多,且分散,管理不便	大坝布置在河床,溢洪道布置在大坝上,布置紧凑,管理方便	重力坝和堆石坝基本相同,优于黏土心墙坝
导流方式	一次拦断河床、隧洞导流、全年围堰挡水。导流投资 1 578.49 万元	一次拦断河床、隧洞导流,枯水围堰挡水,汛期利用坝体临时拦洪度汛。导流投资 2 154.41 万元	一次拦断河床、隧洞导流,枯水围堰挡水,汛期利用坝体临时拦洪度汛。导流投资 1 563.76 万元	重力坝和堆石坝占优
施工条件	天然建筑材料分布在坝址下游约 4 km 范围内,弃渣场均布置相同,工程土石方弃渣运距差别不大	防渗土料场距离坝址约 14 km	天然建筑材料分布在坝址下游约 4 km 范围内,弃渣场均布置相同,工程土石方弃渣运距差别不大	基本相当
工期	34 个月	32 个月	34 个月	基本相同
工程投资(万元)	21 051.6	12 163.5	11 327.5	堆石坝占优
结论			推荐方案	

综合上述分析比较,坝身溢流混凝土面板堆石坝地形地质、天然建材、工程布置、施工

条件、工程投资等方面均有优势。工程投资比碾压混凝土重力坝方案节省 9 724.1 万元，比黏土心墙堆石坝方案节省 836 万元，因此推荐坝身溢流混凝土面板堆石坝作为推荐坝型。

6.6　枢纽布置选择

6.6.1　布置方案拟订

枢纽布置方案拟订布置方案一(坝身溢流面板坝)和布置方案二(岸边溢洪道面板坝)做比较。

6.6.2　布置方案一(坝身溢流面板坝)

坝身溢流面板堆石坝方案详见坝线比较中坝线方案(本章 6.5.4 部分)。

6.6.3　布置方案二(岸边溢洪道面板坝)

坝身结构同坝身溢流式面板堆石坝方案，详见 6.5.4.1 部分。

溢洪道位于右岸，布置在大坝右坝肩，由引渠、控制段、泄槽段和挑流鼻坎等组成。溢洪道轴线与坝轴线交角为 67°。桩号溢 0-078.9—溢 0+000.0 为引渠，渠底高程 1 690.02 m，桩号溢 0-037.6—溢 0-010.0 为转弯段，转弯半径 20 m，转角 79°。引渠左侧设导墙，右侧沿圆弧形开挖接地面，之间形成引水渠进水平台，引渠长约 78.9 m。桩号溢 0-010.0—溢 0+000.0 渠底采用 50 cm 厚 C20 混凝土砌护，右侧 1 699.5 m 高程以下开挖边坡采用 50 cm 厚 C25 混凝土砌护。桩号溢 0+000.0—溢 0+018.2 为控制段，设 1 孔 8 m× 6.2 m(宽×高)的开敞式无闸门控制表孔，堰面采用三圆弧曲线，下游采用 WES 幂曲线 $y=0.205\ 3x^{1.85}$，堰面曲线下游与 1∶1 斜直线相切连接，后接半径为 9 m 的反弧段，堰顶高程为 1 695.12 m，闸顶高程为 1 699.5 m，边闸墩厚度为 2 m，中闸墩厚度为 2 m，闸墩顺水长度为 18.2 m，墩顶下游布置坝顶人行桥，宽 3 m。桩号溢 0+018.2—溢 0+198.2 为泄槽段，底坡为 1∶5.5。泄槽净宽 8 m，底板宽 9.6 m，厚 1.0 m，侧墙采用重力式挡墙。泄槽下游接连续式挑流底坎，桩号溢 0+198.2—溢 0+215.2，挑坎反弧半径为 25 m，鼻坎末端高程为 1 662.12 m，挑角 30°。

岸边溢洪道面板堆石坝方案枢纽平面布置见图 6-5。

6.6.4　布置方案比选

根据地形大坝布置在河床。两岸地形均无天然垭口，采用岸边溢洪道，会产生高边坡，开挖量较大，建筑物布置分散，增加工程永久占地。经比较，岸边溢洪道方案比坝身溢洪道方案增加工程投资约 1 100 万元。

考虑到本工程溢洪道使用频率低，低于 20 年一遇洪水不可下泄；溢洪道下泄洪水较小，在 300 年一遇校核洪水工况下泄流量仅为 94.7 m^3/s；泄水建筑物失事后影响较小，坝下游无居民，下游 3 km 左右为落水洞，明河转为暗河。

图 6-5　岸边溢洪道面板堆石坝方案枢纽平面布置

　　综合考虑,选择投资较省的坝身溢洪道面板堆石坝方案为推荐枢纽布置方案。

6.7　拦河大坝

6.7.1　坝体设计

6.7.1.1　坝顶高程计算

　　本工程为山区峡谷地区,按《碾压式土石坝设计规范》(SL 274—2020),坝顶超高 y 按下式计算:

$$y = R + e + A \tag{6-1}$$

式中:A 为安全加高,m,正常运用情况取 0.5 m,非常运用情况取 0.3 m;e 为最大风壅水面高度,m;R 为最大波浪在坝坡上爬高,m。

　　计算风速在正常运用情况时采用多年平均年最大风速的 1.5 倍按 17.55 m/s 计算,在校核水位时,采用多年平均年最大风速 11.7 m/s 计算。有效吹程按等效风区长度计算,取 700 m。

　　坝顶高程计算成果见表 6-11。

　　根据坝顶高程计算成果,取防浪墙顶高程为 1 701 m,坝顶高程为 1 700 m。

表 6-11　坝顶高程计算成果

工况	正常水位	设计水位	校核水位
吹程 D(km)	0.7	0.7	0.7
风速 v(m/s)	17.55	17.55	11.7
水位 Z(m)	1 675	1 696.63	1 699.29
安全加高 A(m)	0.5	0.5	0.3
壅高 e(m)	0.000 932	0.000 932	0.000 346
爬高 R(m)	1.074	1.074	0.982
坝顶超高 y(m)	1.575	1.575	1.282
计算坝顶高程(m)	1 676.575	1 698.205	1 700.572

6.7.1.2　坝顶结构布置

坝顶结构布置满足坝体填筑的施工要求及运行观测等要求,取坝宽 6 m。为了减少坝体填筑量,降低工程造价,坝顶上游设"L"形钢筋混凝土防浪墙,墙高 4.3 m,墙顶高出坝顶 1.0 m,墙顶高程 1 701 m。上游设 0.7 m 的检修平台,以利于检查通行,检修平台高程 1 697.3 m。

6.7.1.3　坝坡

大坝次堆石料采用溢洪道及隧洞开挖料,其余坝体填筑料采用料场的灰岩料。根据《混凝土面板堆石坝设计规范》(SL 228—2013)及工程类比,大坝上游坝坡为 1:1.4,下游坝坡为 1:1.3,在高程 1 676.5 m 设一级马道,马道宽 3 m。大坝上游面为钢筋混凝土面板,面板厚 $t=0.45$ m;下游面为大块石护坡,厚 1 m。

6.7.1.4　坝体分区

分区的主要原则为:从上游到下游坝料变形模量依次递减,以保证蓄水后坝体变形尽可能小,从而确保面板和止水系统运行的安全可靠性;各区之间满足水力过渡要求,从上游至下游坝料的渗透系数增加,相应下游坝料应对其上游区有反滤保护作用;为节省投资,坝轴线下游堆石区变形模量低的部位,利用较差的堆石料,设次堆石区以达到经济目的;分区应尽可能简单,以利于施工,便于坝料运输和填筑质量控制。

根据以上堆石料分区原则和坝料来源,坝体材料从上游至下游依次分为:上游防渗补强区(盖重区、上游铺盖区)、钢筋混凝土面板、挤压边墙、垫层区、过渡区、主堆石区、次堆石区和下游护坡区,大坝标准断面见图 6-6。

6.7.2　坝体材料及填筑标准

石料场位于小塘子村东北约 1 km,距离 2#坝址约 3 km,料场面积广,有用层厚而稳定。岩性基本为泥盆系中统东岗岭组灰色中层~块状隐晶和细晶灰岩,属Ⅰ类场地,植被不发育,地形坡度 20°~57°,弱风化基岩裸露,基本未见覆盖层或覆盖层极薄。弱风化灰岩饱和单轴抗压强度 $R_b=48.60$ MPa,吸水率为 0.12,$\rho=2.68$ t/m³,软化系数为 0.77。岩

图 6-6 大坝标准剖面图

石质量指标能达到块石料和人工骨料要求,石料质量可以满足质量要求。石料场有用层储量约 314.5 万 m³,满足工程建设要求。

6.7.2.1 垫层区

垫层宽度主要受水力梯度、材料特性及河谷地形、施工工艺等方面的影响。根据国内外工程经验,本工程面板下游垫层采用水平宽度 3 m,坝坡为 1:1.4,并沿地基接触面按 1 m 厚全断面铺设。垫层料采用新鲜完整的灰岩经加工系统破碎、筛选制成。垫层料要求最大粒径为 80~100 mm,小于 5 mm 的颗粒含量为 35%~55%,小于 0.075 mm 的颗粒含量为 4%~8%,连续级配,垫层区填筑标准孔隙率为 18%,设计干密度为 2.189 g/cm³。垫层料下端设特殊垫层小区,用来保护周边缝,要求最高,采用新鲜料加工,将垫层料筛除40 mm 及以上粒径颗粒后作为小区料使用,最大粒径 40 mm。垫层料及特殊垫层采用料场灰岩石料,经人工破碎筛分后配制,要求有较好的级配。

6.7.2.2 过渡区

过渡区为垫层料与主堆石区的过渡区域,其水平宽度取等宽 3 m,坡度为 1:1.4,在岸坡及坝基部位顺应垫层料的需要向下游延伸,将垫层料包住。过渡料也采用灰岩石料,经人工破碎筛分后配制,有较好的级配。要求最大粒径 300 mm,小于 5 mm 的颗粒含量为 20%~30%,小于 0.075 mm 的颗粒含量为 0~5%,过渡区填筑标准孔隙率为 19%,设计干密度为 2.163 g/cm³。

6.7.2.3 主堆石区

主堆石区位于过渡料和次堆石、排水堆石之间,是承受荷载的主要支撑体,要求低压缩、高密度、高抗剪强度、自由排水、施工期和运行期均不产生孔隙水压力;岩石新鲜,坚硬耐风化。本工程主堆石料采用料场灰岩料,最大粒径 800 mm,小于 5 mm 的颗粒含量为 5%~20%,小于 0.075 mm 的颗粒含量为 0~5%,主堆石区填筑标准孔隙率为 22%,设计干密度为 2.083 g/cm³。

6.7.2.4 次堆石区

为节约投资,坝体内设置次堆石区,料源主要来自溢洪道及隧洞开挖料。布置时主要考虑:①次堆石区位于坝体最小受力区域,使其对坝体和面板的影响最小;②次堆石区的底部高程应尽量高于下游最高水位,以免影响坝体内渗水及时排向下游。次堆石区尽量设置在靠近下游坝坡位置,以保证大坝最大沉降和面板应力最小。次堆石区设置在主堆石区下游,以坝轴线高程 1 693 m 为起点,坡比为 1:0.3,底部高程 1 661 m。次堆石区填筑标准要求最大粒径 800 mm,小于 5 mm 的颗粒含量为 5%~20%,小于 0.075 mm 的颗粒含量为 0~5%,次堆石区填筑标准孔隙率为 23%,设计干密度为 2.002 g/cm³。

6.7.2.5　上游防渗补强区

为封堵面板可能出现的裂缝以及张开了的周边缝和板间缝,在上游坝面 1 665 m 以下设置了粉煤灰铺盖,铺盖顶宽 2 m,上游坡 1:1.5,下游面紧贴面板和趾板。铺盖上游面铺设石渣盖重,石渣盖重顶宽 5 m,顶高程 1 667 m,上游坡为 1:2.5,利用建筑物开挖弃渣料填筑。

6.7.2.6　块石护坡

为保护下游坝坡,设置下游干砌块石护坡。将大坝填筑过程中的大块灰岩料挑出用于下游护坡,吊车配合人工码放整齐,护坡厚 1.0 m。

6.7.2.7　挤压边墙

在面板和垫层区之间,设置挤压边墙。挤压边墙采用低强度等级素混凝土,挤压边墙厚 0.3 m。

综上,坝体填筑材料特性见表 6-12。

表 6-12　坝体填筑材料特性

材料分区	材料	D_{max} (mm)	$D<5$ mm, P(%)	$D<$ 0.075 mm, P(%)	设计干密度 (g/cm³)	孔隙率 n(%)	碾层厚度(mm)
垫层区 (2A)	人工破碎及筛分后的灰岩料	80	35~55	4~8	2.189	18	400
特殊垫层区(2B)	人工破碎及筛分后的灰岩料	40	30~50	4~8	2.216	17	≤200
过渡区(3A)	人工破碎灰岩细堆料	300	20~30	0~5	2.163	19	400
主堆石区 (3B)	料场灰岩料	800	5~20	0~5	2.083	22	800
次堆石区 (3C)	开挖细灰岩夹粉灰岩料	800	5~20	0~5	2.002	23	800

6.7.3　坝体防渗结构

6.7.3.1　钢筋混凝土面板

面板堆石坝上游迎水面设置钢筋混凝土面板,它是坝体的主要防渗结构,并将上游水压力传给堆石体。由于堆石体在水压力作用下的变形会导致面板挠曲变形,因此面板混凝土不仅要求有足够的抗渗性能,还应有足够的柔性,以适应坝体的变形,同时应有足够的强度及耐久性,以承受一定的不均匀变形,防止面板开裂和提高抗风化、抗冻能力。

本工程面板堆石坝最大坝高 51.5 m,结合坝址地形、地质条件拟定了面板混凝土的主要特性,如表 6-13 所示。

表 6-13　面板混凝土特性指标

名称	强度等级	防渗等级	抗冻等级	水灰比	级配	坍落度
面板混凝土	C25	W10	F100	0.50	二级配	3~7 cm

根据《混凝土面板堆石坝设计规范》(SL 228—2013),并参考其他国内外工程经验,面板厚度取为 0.45 m。

为适应坝体变形,应对面板进行分缝,在坝面设张性垂直缝和压性垂直缝,与趾板及防浪墙接合处设周边缝,不设水平施工缝。面板张性垂直缝位于两坝肩附近,压性垂直缝位于河床部分,张性缝及压性缝间距为 11~16 m。面板分块总数为 15 块。

在面板的截面中部设置单层双向钢筋,以承受混凝土温度应力和干缩应力,纵、横向钢筋配筋率均为 0.4%,在面板拉应力区或岸边周边缝及附近可适当配置增强钢筋。

6.7.3.2　混凝土趾板

趾板是布置在面板周边、坐落在河床及两岸基岩的混凝土结构,是面板的底座,也是防渗帷幕灌浆的压重板,与面板共同形成坝基以上的防渗体。本工程趾板采用趾板面等高线垂直于"X"线布置形式,即平趾板方案,其宽度按岩石地基容许水力梯度确定。经布置和计算,趾板宽度统一取为 5 m,厚度 0.6 m,趾板每隔 11~16 m 设 1 条伸缩缝。

趾板混凝土要求与面板相同。为承受混凝土干缩应力和温度应力,趾板表面设一层双向钢筋,其纵、横向钢筋均按 0.4%配筋设置。

6.7.3.3　接缝止水

1.周边缝

周边缝是面板坝止水体系中最薄弱环节,是漏水的主要通道。本工程周边缝设 3 道止水,上游面接缝留"V"形槽,槽内填 GB 柔性填料,外用三元乙丙 GB 橡胶复合板保护,中部设橡胶止水,下部设 GBW 复合的"F"形止水铜片,垫层料填筑之后,在铜片下部挖槽回填沥青砂浆垫层,上敷 PVC 塑料垫片黏结,止水铜片凹槽内设 ϕ25 氯丁橡胶棒,缝面涂刷沥青乳胶。

2.垂直缝

压性垂直缝(A 型缝)采用硬平缝结构,只采用一道底部 GBW 复合的"W1"形止水铜片,缝的另一侧缝面涂沥青乳液防黏剂,垫层料填筑之后,在止水铜片下部挖槽回填沥青砂浆垫层,上敷塑料片黏结,止水铜片凹槽内设 ϕ25 氯丁橡胶棒。

张性垂直缝(B 型缝)采用 2 道止水,上游面接缝止水形式同周边缝,缝面"V"形槽内填 GB 柔性填料,下部止水同压性垂直缝。

3.趾板伸缩缝

缝间止水形式同 A 型缝,与周边缝止水构成封闭系统。

6.7.4　坝基处理

坝址所处的地貌为侵蚀深切中山地形,两岸地形坡度多在30°以上,中上部较缓。坝址建筑物地基的岩体主要由细砂岩、粉砂岩及二者互层组成,河床冲积层以下即为弱风化,左岸强风化厚度约0.5 m,右岸强风化厚度约3.8 m。地层为泥盆系中统坡脚组(D_2p):灰色、深灰色细砂岩、粉砂岩。细砂岩饱和单轴抗压强度平均值$R_b = 59.51$ MPa,属中硬岩;粉砂岩饱和单轴抗压强度平均值$R_b = 41.27$ MPa,属中硬岩。

趾板地基地质条件:左岸趾板持力层主要为泥盆系中统坡脚组(D_2p)第一岩组(D_2p^1)灰色中厚层细砂岩夹深灰色薄层粉砂岩及第二岩组(D_2p^2)深灰色中薄层粉砂岩。河床、左岸高程1 674 m以下及右岸高程1 694 m以下趾板持力层为泥盆系中统坡脚组(D_2p)第一岩组(D_2p^1)灰色中厚层细砂岩夹深灰色薄层粉砂岩,左岸高程1 674 m以上及右岸高程1 694 m以上趾板持力层为第二岩组(D_2p^2)深灰色中薄层粉砂岩,由于承载力较好的第一岩组正好位于压力较大的下部,而承载力稍差的第二岩组位于上部,故趾板地基条件较好。

堆石区工程地质条件:左岸表层为残坡积碎石土,厚2.0~4.0 m,以下存在约8.3 m洪坡积碎石土,下伏基岩为泥盆系中统坡脚组第一岩组(D_2p^1)灰色中厚层细砂岩夹深灰色薄层粉砂岩及第二岩组(D_2p^2)深灰色中薄层粉砂岩,均属中硬岩,强风化层厚度0.5 m,本区覆盖层性质较好,标贯击数24~59击,承载力满足堆石区要求。右岸残坡积土为碎石土,厚1.0~4.5 m,下伏基岩为泥盆系中统坡脚组(D_2p)第一岩组(D_2p^1)灰色中厚层细砂岩夹深灰色薄层粉砂岩及第二岩组(D_2p^2)深灰色中薄层粉砂岩,均属中硬岩,强风化岩体厚3.8 m,本区覆盖层性质较好,标贯击数24~59击,承载力满足堆石区要求。河床砂卵砾石厚3.0~6.0 m,以下存在约2 m洪坡积碎石土。

(1)坝基开挖。

趾板及趾板下游1/6坝基范围开挖至强风化中部(两岸坝高小于30 m的坝段)~弱风化上部(其余坝段),坝轴线上游其余坝基需挖除覆盖层,坝轴线下游坝基仅清除表面1 m覆盖层。

(2)趾板基础处理。

趾板基础采用φ25砂浆锚杆与基础连接,锚杆长5 m,间、排距2 m,梅花形布置。趾板与基岩连接部位,为了提高趾板基础的整体性,提高抗冲击能力,避免趾板帷幕灌浆破坏趾板,形成漏浆,趾板地基需要进行固结灌浆。灌浆孔总共布置3排,在防渗帷幕的上游布置1排,下游布置2排,间距3 m、排距2 m,梅花形布置,孔深8 m。固结灌浆总进尺为3 722 m。

(3)帷幕灌浆。

水库大坝两岸及河床均采用帷幕灌浆防渗,坝体防渗帷幕线沿趾板线布置,防渗标准采用5 Lu。帷幕深度深入相对不透水层($q<5$ Lu)以下5 m,两岸与天然地下水位线衔接。灌浆孔采用单排设置,孔距2 m,防渗帷幕线总长305 m。

6.7.5 工程计算

6.7.5.1 施工期的沉降计算

施工期的沉降值按下式估算：

$$S = \frac{h(H-h)}{E_{rc}}\gamma_d \tag{6-2}$$

式中：S 为计算点的垂直沉降值，m；H 为坝高，m；h 为计算点离建基面的高度，m；E_{rc} 为堆石体的平均竖向压缩模量，kN/m^2；γ_d 为堆石体密度，m。

经计算，沉降量沿坝高呈抛物线分布，$h=0.5H$ 处沉降量最大，$S_{max}=0.33$ m。

6.7.5.2 坝体蓄水期的沉降计算

根据已建坝原型观测成果估算：

$$S_2 = \left(\frac{H_2}{H_1}\right)^2 \times \left(\frac{E_1}{E_2}\right) \times S_1 \tag{6-3}$$

式中：S_2 为待建坝的预计沉降值，m；S_1 为已建坝原型观测的坝顶沉降值，m；E_2 为待建坝的变形模量，kN/m^2；E_1 为已建坝的变形模量，kN/m^2；H_2 为待建坝的坝高，m；H_1 为已建坝的坝高，m。

经计算，蓄水期 $S_2=0.11$ m。

6.7.5.3 坝坡稳定计算

对大坝正常蓄水位工况、设计洪水位工况、校核洪水位工况和施工期工况下的坝坡稳定分别进行了计算。计算简图见图 6-7。大坝级别为 4 级，坝坡稳定最小安全系数根据《碾压土石坝设计规范》（SL 274—2020）取用，计算采用简化毕肖普法，由 STAB 软件完成，计算的主要材料参数见表 6-14，坝面最危险滑面形态见图 6-8。计算成果见表 6-15。

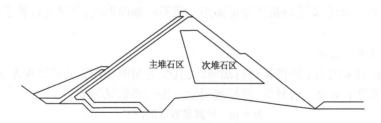

图 6-7 建模简图

表 6-14 坝体的主要材料参数

序号	材料参数	干容重 （g/cm³）	饱和容重 （g/cm³）	φ （°）	c （kPa）
1	弱风化基岩	2.74		35	400
2	河床砂卵（砾）石 Q_4	2.08	2.29	34	0
3	坝体主堆石	2.11	2.31	42	0
4	坝体次堆石	2.07	2.29	38	0
5	排水堆石区	2.06	2.31	42	0
6	垫层料	2.22	2.27	42	0
7	过渡层料	2.20	2.27	42	0

图6-8 上(左)、下(右)游坝坡滑弧示意图

表6-15 坝坡最小安全系数

计算工况	部位	计算最小安全系数 (毕肖普法)	规范允许最小安全系数 (毕肖普法)
工况一 常蓄水位工况	上游坝坡	1.96	1.25
	下游坝坡	1.45	1.25
工况二 设计洪水位工况	上游坝坡	3.76	1.25
	下游坝坡	1.43	1.25
工况三 校核洪水位工况	上游坝坡	3.80	1.15
	下游坝坡	1.41	1.15
工况四 竣工工况	上游坝坡	1.48	1.15
	下游坝坡	1.44	1.15

经计算,各种工况下坝坡稳定计算满足规范要求。

6.7.5.4 泄槽稳定分析

泄洪情况是泄槽抗滑稳定的控制工况,一般只需分析泄洪时的泄槽抗滑稳定。泄槽坐落在坝体上,一般需要进行抗滑稳定加固。就不同加固形式,分别进行泄槽抗滑稳定计算。

1. 只设阻滑板情况

泄槽底板只采用水平阻滑板进行加固时,其受力简图和计算公式详见5.5.3.1部分,计算参数取值见表6-16。经计算,泄槽抗滑稳定安全系数见表6-17。

表6-16 计算参数取值(一)

参数	单位	数量	参数	单位	数量
γ_0	kN/m³	9.8	n		0.015
γ_1	kN/m³	21	$\bar{h}$	m	0.3
γ_c	kN/m³	25	f_1		0.6
v	m/s	25	f_2		0.6
l	m	20	h	m	0.7
b	m	10	a	m	0.3
δ	m	0.8	α	(°)	32

表 6-17　只设阻滑板时的泄槽抗滑稳定安全系数

水平阻滑板长度 l(m)	安全系数 K
4	1.17
6	1.51
8	1.76

计算表明,水平阻滑板长度与泄槽抗滑稳定安全系数正相关;泄槽底板只采用水平阻滑板进行加固时,抗滑稳定安全系数较小。

2.只设水平锚筋情况

泄槽底板只采用水平锚筋进行加固时,其受力简图和计算公式详见 5.5.3.2 部分,计算参数取值见表 6-18。经计算,泄槽抗滑稳定安全系数见表 6-19。

表 6-18　计算参数取值(二)

参数	单位	数量	参数	单位	数量
γ_0	kN/m³	9.8	n		0.015
γ_1	kN/m³	21	$\bar{h}$	m	0.3
γ_c	kN/m³	25	f_1		0.6
v	m/s	25	f_2		0.6
l	m	20	f_3		0.75
b	m	10	δ	m	0.4
δ	m	0.8	α	m	0.4

表 6-19　只设水平锚筋时的泄槽抗滑稳定安全系数

锚筋长度 l_1(m)	安全系数 K
4	1.14
6	1.87
8	2.82

计算表明,锚筋长度与抗滑稳定安全系数正相关;泄槽底板只设水平锚筋进行加固时,抗滑稳定安全系数较小。

3.水平阻滑板+水平锚筋情况

泄槽底板同时采用水平阻滑板和水平锚筋进行抗滑加固(组合式抗滑)时,其受力简图和计算公式详见 5.5.3.3 部分,计算参数取值见表 6-20。经计算,泄槽抗滑稳定安全系数见表 6-21。

表 6-20　计算参数取值

参数	单位	数量	参数	单位	数量
γ_0	kN/m^3	9.8	n		0.015
γ_1	kN/m^3	21	$\bar{h}$	m	0.3
γ_c	kN/m^3	25	f_1		0.6
v	m/s	25	f_2		0.6
l	m	20	f_3		0.75
b	m	10	δ_1	m	0.4
δ	m	0.8	δ_2	m	0.4

表 6-21　组合式抗滑时泄槽抗滑稳定安全系数

水平阻滑板长度 l_1(m)	锚筋长度 l_2(m)	安全系数 K
3	4	1.77
	6	2.42
	8	3.27
4	4	1.87
	6	2.46
	8	3.31
5	4	1.97
	6	2.49
	8	3.36

　　泄槽采用不同的抗滑加固措施时,抗滑稳定安全系数存在较大的差异;泄槽底板同时采用水平阻滑板和水平锚筋进行抗滑加固(组合式抗滑)时,抗滑稳定安全系数显著增大;同时采用长水平阻滑板($l=4$ m)和水平锚筋($l_1=8$ m)进行抗滑加固(组合式抗滑),泄槽抗滑稳定安全系数为 3.31,可满足规范要求。

6.7.5.5　大坝应力与变形三维有限元数值分析

　　坝身溢流面板坝的应力变形问题是一个与填筑过程、地基渗流、筑坝材料及接触界面有关的复杂的非线性过程。根据本工程的初步设计、水文地质资料,建立"面板堆石坝—溢洪道—河谷地基—接触"三维有限元数值模型,对大坝的施工过程和主要运行工况进行数值仿真,对大坝堆石体、面板、缝和坝顶溢洪道等结构进行了分析,对坝身溢流面板坝的受力机制、工作特性和工程措施进行研究,为工程设计和优化提供参考和依据。

　　计算分析详见第 3 章和第 4 章。

6.8　泄水建筑物

6.8.1　泄水方式选择

本工程考虑了三种泄洪方式:①单独溢洪道泄洪方式;②利用导流隧洞改为泄洪隧洞与岸边溢洪道共同泄洪的方式;③坝身溢洪道。

岸边溢洪道单独泄洪方式为常规布置方式,本工程左右岸均无天然垭口,采用岸边溢洪道开挖量较大,且产生较高边坡。

利用导流隧洞改为泄洪隧洞与岸边溢洪道共同泄洪的方式可适当减小溢洪道的工程规模,但从建设运行上看,导流隧洞进口较低,易淤积,改成泄洪隧洞需采用"龙抬头",导流隧洞改成泄洪隧洞增加的永久支护工程量较大,且需要增加一套深孔闸门及启闭设备,加大工程投资和运行成本,操作运行相对不如单独溢洪道泄洪安全可靠,泄洪隧洞超泄能力较开敞式溢洪道差。

坝身溢洪道将正常溢洪道或非常溢洪道直接布置在面板堆石坝上,具有简化枢纽布置、使水流顺畅、节约工程造价、方便施工等一系列优点。考虑本工程泄量不大,泄洪规模较小,推荐坝身溢洪道单独泄洪方式。

本工程所处河流含沙量小,50 年淤沙高程仅为 1 661.9 m,不设专门的排沙隧洞。考虑到本工程地震烈度为Ⅵ度,且坝基地质条件较好,一般情况下,水库水位可由外排灌溉隧洞放水腾空库容,不另设专门的放空隧洞。

6.8.2　溢洪道闸孔选择

工程无超泄洪水需求,为便于运行管理,本工程溢洪道考虑采用无闸门控制开敞式溢洪道。初步考虑按 20 年一遇洪水不下泄拟定溢洪道堰顶高程,堰顶高程拟定为 1 696.16 m,初选为 1 孔溢流表孔,孔口尺寸为 8 m×3.84 m(宽×高)。

6.8.3　消能方式选择

工程最大坝高 51.5 m,下游河床覆盖层深约 6 m,覆盖层下伏基岩为弱风化砂岩,抗冲性能好。由于坝下水深不大,校核洪水量下游最大水深为 4.33 m,消能方式初拟挑流、底流两种形式比较。采用底流消能,消能率高,对下游岸坡冲刷小,需设置消力池,经估算消力池长 30 m,池深 1.5 m,消力池为钢筋混凝土结构,必然增加工程投资。本工程水头高,河床抗冲能力强,具备挑流消能的条件,挑流消能率高,结构简单,维护管理方便,工程投资较小。溢洪道下泄校核洪水时,下泄流量 $Q = 94.7$ m³/s,相应下游水深 1.95 m,挑距 108.44 m,最大冲坑 11.26 m。因此,本工程采用挑流消能。

6.8.4　溢洪道结构布置

根据现阶段国内外的建设经验,坝身溢洪道最大落差在 50 m 左右,单宽流量小于 20 m³/(s·m),泄槽最大流速不超过 30 m/s,这主要取决于面板坝的具体特点。本工程上下游最大落差为 44.95 m,校核洪水位时泄洪流量为 94.7 m³/s,初步拟定溢洪道净宽为 8 m,单宽流量 11.84 m³/(s·m),确定校核洪水位为 1 699.29 m。

坝身溢洪道位于面板堆石坝桩号 0+060—0+071,前缘宽度 11 m,由引水渠、控制段、泄槽及消能工组成。为减小坝体沉降变形对槽身影响,坝身溢洪道尽量靠岸边布置,以减小坝体高度,泄槽上半部分坐落于坝身,下半部落于山体。

溢洪道净宽为 8 m,堰顶高程 1 696.16 m,堰底部高程 1 691.66 m,下部为厚 2.0 m 的垫层区,垫层区下布置主堆石区,堰面采用圆弧曲线,半径 20.9 m,堰面曲线上游与 1:1.4 的面板相切,堰面曲线下游与 1:1.6 的泄槽相切连接,控制段长 26 m,两侧边墩厚 1.5 m,墩顶高程 1 700.0 m,边墩前缘为半径 1 m 的圆弧,上部设交通桥,桥宽 6 m,连接两侧面板坝坝顶,控制段采用 C30 混凝土。考虑到面板堆石坝坝体的低抗剪性能,溢流堰宜采用不设闸门的自由溢流方式。

泄槽采用矩形断面,底坡为 1:1.6,净宽 8 m,导水墙厚 1.0 m,水平全长 63.3 m,为混凝土矩形槽结构。为防止与脉动水流产生谐振,泄槽底板厚度采用 1.0 m 钢筋混凝土结构,并进行双层配筋,以加大底板刚度,提高自振频率。为了具有较好的耐久性能和抗裂性能,底板及两侧导水墙采用 C45 高性能混凝土浇筑。在坝体段泄槽底板增设长 10 m 的锚筋 ϕ28,间距 3 m,以增加其间的连接强度,提高泄槽在斜坡面上的稳定性,加强系统的整体性。在山体段泄槽底板设长 6 m 的锚筋 ϕ25,间距 2.5 m。在坝下 0+026 和坝下 0+041 的位置设 2 道掺气槽,以防止空蚀所造成的局部破坏。在掺气槽处,上、下段底板结合部采用滑动连接结构,以适应槽身的伸缩和小量的转动,消除超静定应力所带来的不利影响和保证泄槽具有足够的适应变形的能力。泄槽底板下分别铺垫厚 1.0 m 的垫层区和 1.5 m 的过渡区。为减少溢洪道的变形,溢洪道部位取消次堆石区,全部采用主堆石区的填筑标准。

泄槽下游接连续式挑流底坎,桩号溢 0+085 至溢坝下 0+103.3,总长 18.3 m,挑坎反弧半径为 25 m,鼻坎末端高程为 1 656.8 m,挑角 30°,反弧半径 25 m。挑流鼻坎边墙及底板采用钢筋混凝土结构,面层 0.5 m 厚采用 C35 抗冲刷混凝土,其余部位采用 C25 混凝土。底板及边墙底部采用 ϕ25 锚筋锚固,锚筋长 4.5 m,锚筋间、排距为 3.0 m。

为了防止洪水出消能工后对下游坝脚产生回水冲刷,在挑流鼻坎后建长 10 m、厚 1 m 的护坦,护坦宽 11 m。

6.8.5　溢洪道水力计算

6.8.5.1　概述

溢洪道采用无闸门控制开敞式溢洪道。堰顶高程为 1 696.16 m,1 孔溢流表孔,孔口尺寸为 8 m×3.84 m(宽×高)。本工程采用挑流消能。

坝身溢洪道有溢流堰、掺气槽和挑流鼻坎,水力条件复杂,规范公式简单便捷,但不能很好地反映空蚀、掺气、消能等过程和机制,也不能准确反映导墙体型、堰型、侧收缩、淹没度等多因素的影响,因此规范公式适用性有限。而数值模拟方法能够对复杂边界条件下的水流进行三维精细化仿真,可较好地反映水流应变率高、流线弯旋状态明显的流体形态,可考虑溢洪道进口体型、侧收缩、淹没度等影响,能精细化模拟泄流全程的水力参数。

为谨慎起见,本溢洪道水力计算同时采用规范公式法和数值摸拟法进行对比分析。

6.8.5.2　数值摸拟计算原理

RNG k-ε 模型可以较好地处理高应变率及流线弯曲程度较大的流动,因溢洪道水力学问题属于高应变率的紊流运动问题,故采用 RNG k-ε 模型,其控制方程如下:

连续方程

$$\frac{\partial u_i}{\partial x_i} = 0 \tag{6-4}$$

量方程

$$\frac{\mathrm{d}u_i}{\mathrm{d}t} = f_i - \frac{\partial p}{\partial x_i} + \frac{\partial}{\partial x_j}\left[(\nu + \nu_\mathrm{t})\left(\frac{\partial u_i}{\partial x_j} + \frac{\partial u_j}{\partial x_i}\right)\right] \tag{6-5}$$

紊流能量 k 方程

$$\frac{\mathrm{d}k}{\mathrm{d}t} = \frac{\partial}{\partial x_i}\left[\left(\nu + \frac{\nu_\mathrm{t}}{\sigma_\mathrm{k}}\right)\frac{\partial k}{\partial x_i}\right] + G_\mathrm{k} - \varepsilon \tag{6-6}$$

耗散率 ε 方程

$$\frac{\mathrm{d}\varepsilon}{\mathrm{d}t} = \frac{\partial}{\partial x_i}\left[\left(\nu + \frac{\nu_\mathrm{t}}{\sigma_\varepsilon}\right)\frac{\partial \varepsilon}{\partial x_i}\right] + C_{1\varepsilon}\frac{\varepsilon}{k}p_\mathrm{k} - C_{2\varepsilon}\frac{\varepsilon^2}{k} \tag{6-7}$$

组分方程

$$\frac{\partial \alpha_\mathrm{w}}{\partial t} + u_i\frac{\partial \alpha_\mathrm{w}}{\partial x_i} = 0 \tag{6-8}$$

式中: t 为时间; u_i 和 x_i 分别为速度分量和坐标分量; ν_t 为运动黏性系数; p 为修正压力; f_i 为质量力; ν_t 为紊动黏性系数, $\nu_\mathrm{t} = c_\mathrm{u}k^2/\varepsilon$;方程中的经验常数 $c_\mathrm{u} = 0.09$, $\sigma_\mathrm{k} = 1.0$, $\sigma_\varepsilon = 1.33$, $C_{1\varepsilon} = 1.44$, $C_{2\varepsilon} = 1.42$; G_k 为平均速度梯度引起的紊动能产生项; α_w 为水的体积分数。

其中

$$G_\mathrm{k} = \nu_\mathrm{t} \times \left[\frac{\partial u_i}{\partial x_j}\left(\frac{\partial u_i}{\partial x_j} + \frac{\partial u_j}{\partial x_i}\right)\right]$$

在计算域中采用有限体积法对控制方程进行离散,用 VOF 法来模拟自由表面,速度压力耦合方式采用 PISO 算法,二阶迎风离散格式处理数值扩散问题。

6.8.5.3　数值模型与参数

溢洪道体型呈非对称的空间分布,水力参数(流速、水深等)在垂向方向的变化相比水平方向的变化不能忽略,计算域水平尺度与垂向尺度量级相当,具有强三维运动特性,故考虑建立三维数值计算模型。

根据《云南省文山州德厚河流域白牛厂汇水外排工程初步设计报告》中设计方案,按 1:1 等比例建立"库区—溢洪道—河道"三维模型,模型包含库区局部、导墙、控制段、泄槽、挑流鼻坎、下游河道等,整个模型长 220 m、宽 10 m、高 60 m,模型中下游河道 120 m,见图 6-9、图 6-10。

在 VOF 模型中划分六面体网格。网格的质量对计算精度和计算效率具有重要影响,网格数量一定时,网格质量越好,计算精度越高和效率越快。网格划分的过程需要经过多

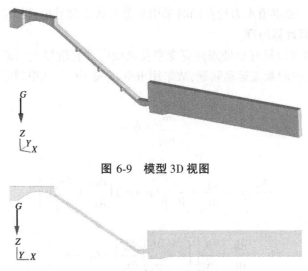

图 6-9　模型 3D 视图

图 6-10　溢洪道侧视图

次优化调整,导入模型进行试算,根据模型反馈的信息进行网格的再次优化。在满足网格质量控制指标标准的基础上,划分笛卡儿网格。网格尺度为 0.15~0.5 m,模型包含网格共 600 万个。

计算中,忽略水的压缩性,即水近似为不可压缩流体。

水的密度:1 000 kg/m³;

运动黏度:0.010 1 cm²/s;

涡黏系数:采用 Smagorinsky 公式估算,取恒定值 0.3 m²/s;

粗糙度:溢洪道边壁、底部均为混凝土固体壁面,粗糙度为 0.025~0.180 cm,计算时粗糙度选取 0.5 mm;

紊流模型参数值:$C_1 = 1.44$,$C_2 = 1.92$,$C_\mu = 0.09$,$\sigma_k = 1.0$,$\sigma_\varepsilon = 1.3$。

压力、动量、k 和 ε 的欠松弛因子分别取 0.1、0.3、0.4 和 0.4。

6.8.5.4　控制段溢流面比选

面板坝坝体较厚,溢洪道控制段可采用宽顶堰、圆弧堰或驼峰堰。驼峰堰的剖面一般由 3 段圆弧组成,流量系数一般在 0.40~0.46。圆弧堰和宽顶堰结构简单,施工方便,但宽顶堰自由泄流时流量系数较小。因此,仅对圆弧堰与驼峰堰进行对比分析。

1. 流态

经计算,在校核洪水位下圆弧堰与驼峰堰的水面线沿程变化见图 6-11 和图 6-12。观察发现,两者堰前水面基本平稳,水流沿左右导墙平顺地进入溢洪道控制段,水流衔接比较好,能够自然顺畅地过渡。控制段区域未出现强烈旋流,水流无明显上下翻腾现象。水流经过圆弧堰进入泄槽后,水流流动方向向下偏转,水流未脱离泄槽底面。泄槽左右两侧水面基本持平,水面低于导墙高度,水流流态基本平顺。泄槽中水流流速逐渐增大,横向流速分布基本均匀,水面较稳定、掺气槽附近出现掺气现象,水流无严重摆动和激荡。

2. 过流能力

圆弧堰在实际工程中应用较少,规范中缺少相应的过流能力计算公式,故泄洪能力仅

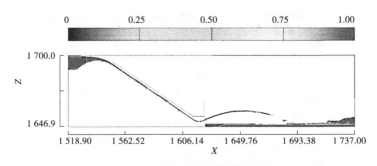

图 6-11　溢洪道水面线(圆弧堰)

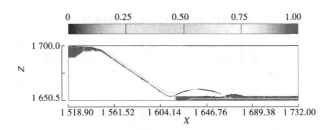

图 6-12　溢洪道水面线(驼峰堰)

采用数值模拟方法进行计算,见表 6-22。

表 6-22　溢洪道泄流量

序号	水库水位(m)	堰型	堰顶高程 (m)	堰顶水头 H(m)	仿真流量 Q_1(m³/s)
1	1 699.29(P=0.33%)	圆弧堰	1 696.16	3.13	83.0
2	1 699.29(P=0.33%)	驼峰堰	1 696.16	3.13	90.2

与圆弧堰相比,计算水位时驼峰堰泄流能力较大。

3. 压力分布

圆弧堰和驼峰堰对应的过流面压力分布分别见图 6-13 和图 6-14。圆弧堰末端堰面与水流有一定程度的脱离,最大负压为-149.2 kPa,对堰面可能造成空蚀。采用驼峰堰时,过流面的负压得到了明显改善,由-149.2 kPa 降低为-78.5 kPa。

与圆弧堰相比,驼峰堰流态更好,过流能力更大,过流面的负压更小,因此控制段堰面采用驼峰堰。

6.8.5.5　泄流曲线

分别采用规范公式和数值模拟两种方法计算溢洪道的泄流曲线。

根据《溢洪道设计规范》(SL 253—2018),敞泄时溢洪道泄流能力按以下公式计算:

$$Q = m\varepsilon B\sqrt{2g}H_0^{3/2}$$

$$\varepsilon = 1 - 0.2\left[\zeta_k + (n-1)\zeta_0\right]\frac{H_0}{nb} \quad \left(\text{当}\frac{H_0}{b} > 1 \text{ 时,取为}\frac{H_0}{b} = 1\right)$$

式中:Q 为泄流量;B 为溢流堰总净宽,$B=nb$;n 为溢洪道孔数;b 为单孔净宽;H_0 为计入流

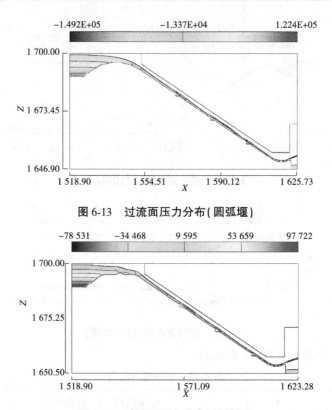

图 6-13　过流面压力分布(圆弧堰)

图 6-14　过流面压力分布(驼峰堰)

速水头的堰上总水头;m 为流量系数;ε 为闸墩侧收缩系数;ζ_K 为边墩形状系数;ζ_0 为中墩形状系数。

采用规范公式和数值模拟两种方法计算的溢洪道泄流曲线见表 6-23 和图 6-15。

表 6-23　数值模拟与规范公式计算的泄流曲线对比

序号	水库水位 (m)	堰顶水头 H(m)	数值模拟 Q_1 (m³/s)	规范公式 Q_2 (m³/s)	Q_2-Q_1 (m³/s)	$(Q_2-Q_1)/Q_2$ (%)	说明
1	1 696.16	0	0	0	0		坝顶高程
2	1 696.46	0.3	4.9	7.8	2.9	37.2	
3	1 697.16	1	21.2	26.4	5.2	19.7	
4	1 698.16	2	50.3	56.7	6.4	11.3	
5	1 699.29	3.13	90.2	96.0	5.8	6.0	校核洪水位

与规范公式法相比,数值模拟方法可较好地反映应变率高、流线弯旋状态明显的流体形态,可考虑导墙体型、堰型、侧收缩、淹没度等多种因素,适应更复杂的边界,计算成果更精准,故溢洪道的泄流曲线采用数值模拟方法计算成果。

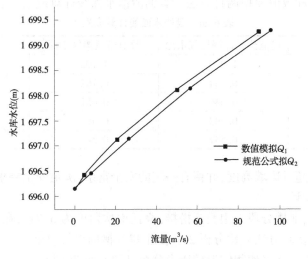

图 6-15　泄流量对比

6.8.5.6　泄流水面线

分别采用规范公式和数值模拟两种方法计算泄流水面线。

按《溢洪道设计规范》(SL 253—2018),起始计算断面定在堰下收缩断面即泄槽首部,起始断面水深 h_1 由下式计算:

$$h_1 = \frac{q}{\varphi\sqrt{2g(h_0 - h_1\cos\theta)}}$$

式中: q 为起始计算断面单宽流量; h_0 为起始计算断面渠底以上总水头; φ 为起始计算断面流速系数,取 0.95。

泄槽水面线根据能量方程,用分段求和法计算,计算公式如下:

$$\Delta l_{1-2} = \frac{\left(h_2\cos\theta + \dfrac{\alpha_2 v_2^2}{2g}\right) - \left(h_1\cos\theta + \dfrac{\alpha_1 v_1^2}{2g}\right)}{i - \bar{J}}$$

$$\bar{J} = \frac{n^2 \bar{v}^2}{\bar{R}^{4/3}}$$

式中: Δl_{1-2} 为分段长度; h_1、h_2 分别为分段始、末断面水深; v_1、v_2 分别为分段始、末断面平均流速; α_1、α_2 分别为流速分布不均匀系数,取 1.05; θ 为泄槽底坡角度; i 为泄槽底坡, $i = \tan\theta$; $\bar{J}$ 为分段内平均摩阻坡降; n 为泄槽槽身糙率系数; $\bar{v}$ 为分段平均流速, $\bar{v} = (v_1 + v_2)/2$; $\bar{R}$ 为分段平均水力半径, $\bar{R} = (R_1 + R_2)/2$。

泄槽段水流掺气水深按下式计算:

$$h_b = \left(1 + \frac{\zeta v}{100}\right)h$$

式中: h 为泄槽计算断面的水深; v 为不掺气情况下泄槽计算断面的流速; ζ 为修正系数,取为 1.4 s/m。

采用规范公式和数值模拟两种方法计算的泄槽水面线计算成果见表 6-24。

表 6-24　泄槽水面线计算成果 （单位：m）

桩号	规范公式计算掺气水深	数值模拟掺气水深	边墙高度
坝下 0+011	1.090	1.102	2
坝下 0+020	0.754	0.762	2
坝下 0+040	0.646	0.651	2
坝下 0+060	0.592	0.597	2
坝下 0+080	0.537	0.543	2

泄槽内水深未超过边墙高度，并留有一定的安全富余，满足安全要求。

6.8.5.7　防空蚀设计

与变形缝结合，泄槽分段采用叠瓦搭接，叠瓦挑坎角度为 5.71°，在搭接处设 2 ~ 3 个掺气槽。运用数值仿真方法对比分析 2 个、3 个掺气槽的掺气效果。

经计算，2 个、3 个掺气槽相应泄槽压力分布见图 6-16 和图 6-17。

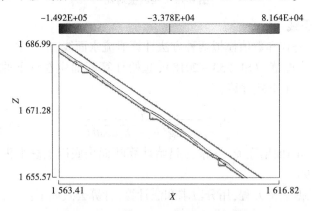

图 6-16　泄槽压力分布（3 个掺气槽）

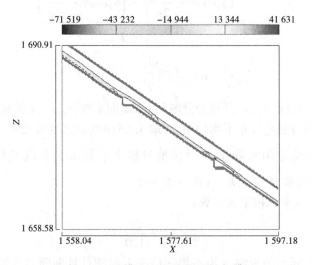

图 6-17　泄槽压力分布（2 个掺气槽）

3个掺气槽时,高掺气槽处水流速度小,挑起效果差,掺气效果不明显;中掺气槽掺气空腔过大、水流与泄槽脱离长度过长;中、下掺气槽之间距离较近,导致下掺气槽处水流基本没有挑起掺气,掺气槽附近负压较严重。

2个掺气槽时,泄槽中负压现象得到明显改善,掺气效果好,表明掺气槽位置合理。因此,采用2个掺气槽。

6.8.5.8 挑距复核

溢流道采用挑流消能方式。相应库水位1 699.29 m,下游水位1 653.98 m,下游河床高程约为1 650 m,溢洪道采用驼峰堰时泄流量96.0 m³/s,挑流鼻坎末端单宽流量12.0 m³/(s·m)。分别采用规范公式和数值仿真两种方法计算泄流挑距。

根据《溢洪道设计规范》(SL 253—2018)附录A.4,水舌挑距按下式计算:

$$L = \frac{1}{g} \left[v_1^2 \sin\theta\cos\theta + v_1\cos\theta \sqrt{v_1^2\sin^2\theta + 2g(h_1\cos\theta + h_2)} \right]$$

式中:L 为水舌挑距;θ 为鼻坎挑角,(°);h_1 为坎顶垂直向水深,$h_1 = h/\cos\theta$(h 为坎顶平均水深);h_2 为坎顶至河床面高差,如冲坑已经形成,可算至坑底;v_1 为坎顶水面流速,按鼻坎处平均流速 v 的1.1倍计。

最大冲坑水垫厚度按下式估算:

$$t_k = kq^{0.5}H^{0.25}$$

式中:t_k 为自下游水面至坑底最大水垫深度;q 为鼻坎末端断面单宽流量;H 为上、下游水位差;k 为综合冲刷系数,本工程 k 取为1.1。

冲坑上游坡度按下式计算:

$$i = \frac{t}{L}$$

式中:t 为自下游河床床面至坑底的深度;L 为冲坑最深点距鼻坎距离。

采用数值仿真方法时,在挑流鼻坎中,左边墙水面线和右边墙水面线基本一致,在断面上无横向水面差,横向无环流。水库为校核洪水位1 699.29 m时,溢洪道水舌挑距最大为72.2 m,挑流效果见图6-18。

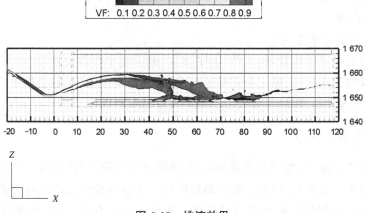

图6-18 挑流效果

采用规范公式和数值仿真两种方法计算的水舌挑距见表 6-25。

表 6-25　规范公式和数值仿真两种方法计算的水舌挑距对比

序号	计算方法	水库水位 (m)	堰顶水头 H (m)	最大下泄流量 (m^3/s)	单宽流量 [$m^3/(s \cdot m)$]	挑距(m)	说明
1	规范公式法	1 699.29	3.13	96.0	12.0	75.6	考虑冲刷坑
2	数值仿真计算	1 699.29	3.13	90.2	11.3	72.2	

与规范公式法相比,数值仿真计算得到的泄流量与挑距都略小。数值仿真方法可较好地反映应变率高及流线弯旋状态明显的流体形态,可考虑多种因素,适应更复杂边界,计算成果更精准,故溢洪道的挑距采用数值仿真方法计算成果。

6.9　施工工艺

6.9.1　简介

坝身溢流面板坝的施工须遵循一定的工序,以降低溢洪道结构及面板的次生位移和次生内力:

(1)清基至设计高程。

(2)趾板施工,到设计强度后进行帷幕施工。

(3)挑流鼻坎混凝土施工。

(4)分层碾压填筑坝体到大坝设计高程,中间按要求设水平锚拉筋、锚拉地梁和水平阻滑板。

(5)等候坝体充分沉降。

(6)在大坝上进行堰首、泄槽基础开挖。

(7)泄槽、掺气槽等混凝土浇筑,最后溢流堰浇筑及两侧回填。

(8)面板浇筑。

(9)面板上游盖重浇筑。

由于坝身溢洪道结构复杂,工种、工序较多,施工时不可避免地要和坝体回填及坝顶公路桥等结构物交叉进行,施工会相互影响,可能会对工期有所影响,因此需要精心的施工组织设计,统筹安排,以确保整个工程施工质量和顺利进行。

6.9.2　细部施工要点

锚拉筋分 2 段施工,在坝体填筑期间,先预埋部分锚筋,锚筋外端不露出垫层表面,伸到垫层表面以下一定长度,以利于垫层斜坡碾压。锚筋外端在泄槽混凝土施工前,从垫层中找出,采用熔槽焊焊接,接长到设计长度。锚筋安装就位后,钢管内灌注 M25 的水泥浆,钢管上、下游各安装一个灌浆嘴,接上皮管进行灌浆。

锚端梁采用立模现浇。首先在锚端梁部位,开挖深槽子,槽子内铺设碎石垫层和M7.5 砂浆,用平板碾压实;按流程浇筑完成后,选用碎石垫层回填沟槽以及其上部一定范围,用手持振动夯夯实;待混凝土达到 2 d 龄期后,开始其上部填筑层施工。

坝体填筑至各层锚固板相应施工高程后,先铺一层碎石垫层,碾压密实后,铺 M7.5砂浆,用平板碾压实;然后进行锚固板的钢筋制安、立模和混凝土浇筑,待锚固板的混凝土达到 2 d 龄期后,在其上部再铺碎石垫层,用手持振动夯夯实。当上方堆石体填筑厚度大于 0.8 m,且锚固板混凝土龄期超过 3 d 后,才允许进行振动碾压。

为方便施工,锚固板在支撑部位的上游侧分施工缝,施工缝外侧"L"形部分,暂不浇筑,浇筑泄槽底板时,再将"L"形部位的垫层挖除,并用 M5 水泥砂浆抹面固壁。该部位混凝土与泄槽底板同时浇筑。

溢洪道段的坝体填筑完毕后,再进行坝坡段人工削坡及斜坡碾压,然后进行固坡砂浆垫层的施工。固坡砂浆垫层的作用是:固坡、作为溢洪道混凝土的找平层和便于侧模的安装固定。溢洪道泄槽基础垫层区,每填筑 15~30 m 进行一次斜坡碾压及砂浆固坡施工。混凝土浇筑前进行人工抹砂浆,便于侧模的安装固定。由于砂浆抹面的平整度直接影响到泄槽底板厚度的均匀性,必须严格控制,其误差不得超过±5 cm。

溢流堰的施工工序为:堰体段土方开挖→垫层料回填→底板锚筋施工→砂浆找平层铺筑→溢流堰混凝土浇筑。

泄槽底板采用无轨滑模法施工。从泄槽底部开始,滑至第一层锚固板,锚固板及锚固板以上 2 m 段采用翻模,从施工缝处接着滑模施工。一般面板堆石坝的下游坝坡较陡,是整个坝体溢洪道施工的难点。为保证泄槽底板表面的平整度达到设计要求,建议采用滑动模板施工。当泄槽宽度较大时,可用顺水流方向的纵缝(缝内设置止水)将泄槽底板分成若干块,分块进行底板混凝土的滑模施工,滑模后部应设人工抹面平台,便于人工收面。泄槽底板的滑模施工难点在于掺气槽段的浇筑,掺气槽段必须与其后水平段及泄槽底板连为整体,不规则的体型给滑动模板施工带来了很大困难。为解决这一难题,榆树沟工程在施工时采用了滑模过桥的方案,即当泄槽混凝土浇筑到掺气槽处时,在掺气槽处用 150mm×150 mm 木方架立桁架,作为滑模的过桥,将滑模拖至挑坎上侧的坝体上,然后拆除过桥桁架并立模浇筑掺气槽结构。待混凝土硬化达到强度后,在掺气槽上再次滑模支撑架立桁架,将滑模退至桁架上始滑,对上一段泄槽进行浇筑。

6.10　工程安全监测

6.10.1　安全监测目的

大坝的安全与否直接影响到水库及下游广大人民的生命和财产的安全。为了确保大坝安全运行,兼顾指导施工、验证设计、为科研积累资料,有必要对主要建筑物设置完善的安全监测设施。

大坝安全监测的主要目的包括以下几点：

（1）通过监测仪器提供用于为控制和显示各种不利情况下工程性能的评价和在施工期、运行初期与正常运行期对工程安全连续评估所需要的资料。

（2）通过监测资料可反映各主要建筑物的工作性态是否正常，监视异常现象的发生，及时分析原因，采取必要的措施，以防事故的发生。在确保大坝安全的前提下，充分发挥工程的效益。

（3）根据监测资料对坝体及附属建筑物的结构特性进行分析，用以检验施工质量，为提高施工、运行水平提供科学依据，检验设计的正确性，求得设计的合理、完善和创新，从而提高设计的技术水平。

总之，安全监测设施所提供的观测数据，对了解施工情况，加快施工进度，确保施工安全，提高施工质量是非常必要的。同时，根据已经取得的监测资料，可以预测和预报大坝的未来性态及发展趋势，并为大坝安全蓄水、鉴定和加固处理提供科学依据。

本工程以安全运行监测为主，侧重于一般的常规安全监测，本着突出重点，兼顾全面的原则，监测项目及仪器、设备力求少而精，尽量布置在典型观测断面、坝段或者重要部位，同时选择对监测安全运行较为重要、技术上又切实可行的项目实施自动化观测。

6.10.2 安全监测项目

6.10.2.1 巡视检查

巡视检查主要针对施工期、运行期水库各建筑物进行，分为日常巡视检查、年度巡视检查、特殊情况下的巡视检查等。

6.10.2.2 大坝监测

（1）变形监测，包括表面变形、内部变形、溢洪道和面板连接缝的面板周边缝位移。主要的监测手段有视准线法、边角交会法、测缝计、测斜管等。

（2）渗流、渗压监测，包括坝体的渗漏量监测，坝体、坝基渗透压力监测，绕坝渗流等，主要监测手段有量水堰、渗压计、测压管等。

（3）应力应变及温度监测，包括面板的应力监测，主要的监测手段为埋设应变计、无应力计、钢筋计等。

6.10.2.3 溢洪道监测

（1）变形监测，包括表面变形等，主要的监测手段有前方交会法、光电测距高程法等。

（2）渗透压力监测，包括基础扬压力监测，主要检测仪器有渗压计等。

（3）应力应变及温度监测，包括溢洪道泄槽的应力监测，主要的监测手段为埋设应变计、无应力计、钢筋计等。

6.10.2.4 导流洞堵头

渗透压力监测：主要是堵头位置水压力监测，主要通过埋设渗压计的方法进行。安全监测项目汇总详见表6-26。

表 6-26 安全监测项目汇总

建筑物名称	监测物理量类型	监测项目
大坝	巡视检查	坝体、坝基及近坝库岸巡查
	变形	表面变形
		堆石体沉降、水平位移
		界面及接缝变形
	渗流、渗压	渗透压力
		渗漏量
溢洪道	变形	表面变形
	渗透压力	基地渗透压力
	应力应变	泄槽应力应变
边坡	变形	表面变形
	渗透压力	地下水位
导流洞堵头	渗透压力	渗透压力

6.10.3 安全监测布置

6.10.3.1 巡视检查

根据《土石坝安全监测技术规范》(SL 551—2012)和《混凝土坝安全监测技术规范》(SL 601—2013),大坝从施工期到运行期,需定期进行巡视检查,发现问题及时上报,并分析其原因。

工程施工期及水库蓄水期的巡视检查工作包括:日常巡视检查、年度巡视检查和专项巡视检查。本工程安全监测设计仅提出原则性意见,具体工作与安排,由监理单位组织设计单位、施工单位和监测单位共同研究确定和实施。

工程运行期的巡视检查工作,由枢纽管理部门根据有关规范的规定和工程的具体情况及安全监测的需要研究确定。

(1)日常巡视检查。

根据纳达水电站工程的实际情况,按照监理、设计、施工和监测部门共同制订的日常巡视检查程序,对所有建筑物、机电设备、岩土工程等进行例行检查。

(2)年度巡视检查。

应在每年汛前、汛后及高水位、低气温时,按规定的所有检查项目,对整个枢纽工程进行较为全面的检查。

(3)特殊情况下巡视检查。

在坝区(或在其附近)发生有感地震、大坝遭受大洪水或库水位骤降、骤升,以及发生其他影响大坝安全运用的特殊情况时,需立即组织巡视检查。必要时,还需对可能出现险情的部位实施昼夜监视。

6.10.3.2　大坝监测

1. 变形监测

1) 表面变形监测

水平位移监测:大坝坝顶布设 1 条视准线,下游坝面布设 1 条视准线,布置在下游坝坡马道上,共设 13 个测点。在每条永久视准线两端延长线上各布置 1 个工作基点和 1 个校核基点,共 4 个工作基点和 4 个校核基点。各观测标点在垂直坝轴线方向对齐,构成各观测横剖面。视准线采用经纬仪配活动觇牌和固定觇牌进行观测,视准线工作基点由校核基点采用视准线测量方法来校测。因地形原因工作基点和校核基点不好布置的视准线测点,采用边角交会法测量。工作基点均埋设在基岩或混凝土基础上。

垂直位移观测:大坝垂直位移观测点与视准线测点结合布置在一起。采用几何水准测量方法施测。端点稳定性采用水准测量通过工作基点校测。在大坝左坝肩布置一个水准工作基点,左岸下游布置一个水准点,水准工作基点和水准点均采用基岩标。采用二等水准测量。

2) 内部变形监测

根据坝体应力变形计算成果及枢纽地形、地质条件,确定在大坝最高的剖面和左右岸设置 3 个观测断面,并且采用相同类型的观测仪器和布置形式,以便于分析和比较,同时能够全面地反映整个坝体的变形情况。

坝体填筑到坝顶后在每个监测断面布置测斜管及电磁式沉降环,电磁式沉降环间距 2 m。

3) 防渗体变形监测

根据混凝土面板结构特点,选择一些特殊部位的混凝土面板作为主要监测对象。

面板的位移监测主要是对板间接缝和表面沉降进行监测。为了解面板纵向伸缩缝的位移情况,沿面板张性缝布置 10 支单向测缝计。

周边缝的发展情况,直接关系到大坝的运行安全。为了解周边缝的三向位移,即面板平面上的张拉、沿缝间的滑移和垂直于面板的沉降,在两岸周边缝部位各布置 2 组三向测缝计,在河床部位周边缝布置 1 组三向测缝计。共 5 组三向测缝计。

在面板和溢洪道控制段、泄槽的连接部位设置测缝计监测坝顶溢洪道的变形。共 8 支测缝计。

2. 渗流监测

为了解大坝坝基渗透压力,在河床断面各布置 5 支渗压计,监测渗透压力;为了解混凝土面板的防渗效果,在面板后布置渗压计,共 3 支渗压计。

在大坝下游出口处设置截渗墙,截渗墙上设置量水堰,测量大坝的渗漏量。

6.10.3.3　坝身溢洪道监测

1. 变形监测

在溢洪道进口闸墩布置 4 个位移观测点,二等边角交会测量精度进行观测;垂直位移观测点同墩布置,监测垂直位移值。

2. 渗流监测

沿溢洪道轴线的建基面分布 3 支渗压计,以观测溢洪道基础防渗效果和闸室基础渗透压力情况。

3. 应力应变监测

泄槽底板布置应力应变观测的目的是监测泄槽沿坝坡方向和水平方向的应力分布及其变化规律,为大坝安全运行提供资料。选择 3 个监测断面布置,每个断面布置 2 组钢筋计。监测仪器合计:钢筋计 12 支。

6.10.3.4　导流洞堵头监测

为监测导流洞堵头的渗透压力,设置 2 个断面,各布置 6 支渗压计进行监测。

6.10.3.5　环境量监测

环境量监测项目主要为上下游水位,其他环境量监测结合水情自动测报系统进行。

测点设置必须在水面平稳、受风浪和泄流影响较小、岸坡稳固或永久建筑物上,便于安装设备和观测的地点。水尺零点高程每隔 3~5 年应校测一次。水位计应每年汛前检验。测次主要按水文、气象方面的规定执行,开闸泄水前后应增加测次,汛期应根据需要调整测次。同时,应观测风力、风向、水面起伏度。根据要求在连通隧洞和外排隧洞的塔式进水口上布置水尺,监测水库上游水位,在溢洪道消力池设置水尺监测下游水位。

6.10.4　安全监测自动化

工程安全监测项目主要包括变形监测、渗流监测、应力应变监测和环境量监测等,根据目前国内大坝安全监测自动化的经验,将其中大坝变形监测、渗流监测、应力应变监测等纳入自动化监测的范围。

6.10.4.1　监测自动化系统组成

根据工程总体布置、工程安全监测仪器的布置情况及监测自动化仪器设备的工作特点和要求,拟订采用分布式自动化监测系统加远程通信管理方案。监测中心站设在管理房内,自动化监测单元安装在各个观测站。现场数据采集单元(MCU)安装在各个观测站,MCU 之间(或观测站之间)及 MCU 与监测中心站之间通过通信光缆(电缆),以RS-485/422 方式连接组成分布式网络,其系统网络结构见图 6-19。

6.10.4.2　接入自动化系统的项目和仪器数量

安全监测所有的电测仪器,全部接入自动化数据采集系统。自动化数据采集系统由前端自动化数据采集单元(MCU)、监控软件、远程数据采集计算机、扫描仪及打印机等组成。

监测自动化系统监测大坝的变形、渗透压力、应力、渗漏量等项目的电测仪器。安全监测系统实现自动化数据采集,系统中包含的主要仪器设备为测缝计、渗压计和钢筋计等,包含传感器数量共计 33 支左右。

现场测量单元(MCU)3 台,电缆 15 km。

6.10.4.3　监测中心布置位置及配置

监测中心站拟布置在坝肩观测房内,监测管理中心的基本配置为数据库服务器、微机工作站、打印机、电源设备等硬件和监测管理软件。

6.10.5　仪器设备技术要求

主要监测仪器设备的技术指标见表 6-27。

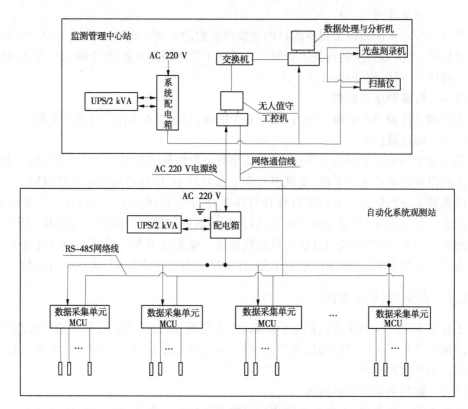

图 6-19　监测自动化系统网络结构

表 6-27　主要监测仪器设备的技术指标

仪器名称	主要性能指标	说明
全站仪	$\pm(1\ mm+1\ ppm\times D)$,1"	
水准仪	精度:±0.5 mm/km	
堰位计	量程 300 mm;精度±0.1%F.S.	振弦式
渗压计	0.35~1.0 MPa;精度±0.1%F.S.;分辨率 0.025%F.S.	振弦式
钢筋计	量程:310 MPa;灵敏度 0.07%F.S.	振弦式
测缝计	量程 10~20 mm,分辨率 0.02 mm	振弦式
弦式读数仪	量测范围:频率 400~6 000 Hz,分辨率 0.01 Hz;频率精度 0.05 Hz;温度−40~100 ℃;温度分辨率 0.1 ℃	弦式仪器配套用

6.11　大坝建设形象

　　目前,菲古水库溢流面板坝已完建,并通过蓄水安全鉴定开始下闸蓄水。挡水前后,坝体和溢洪道的变形观测数据与计算数据总体吻合良好,变化规律一致,表明研究成果具有较高的可信度,运用情况良好。

　　菲古水库溢流面板坝研究成果讨论见图 6-20、图 6-21,大坝建设形象见图 6-22~图 6-32。

图 6-20 研究成果中期讨论(一)

图 6-21 研究成果中期讨论(二)

图 6-22 坝基开挖

图 6-23　大坝回填形象(一)

图 6-24　大坝回填形象(二)

图 6-25　大坝回填形象(三)

图 6-26　坝身溢流堰施工

图 6-27　顶坝溢洪道泄槽施工(一)

图 6-28　顶坝溢洪道泄槽施工(二)

图 6-29　大坝封顶

图 6-30　大坝完建(一)

图 6-31　大坝完建(二)

图 6-32　大坝下闸蓄水

6.12　小　结

　　菲古水库枢纽地形山高坡陡,没有合适垭口修建独立溢洪道,地质条件不利于布置溢洪道;河床基岩坚硬;泄洪单宽流量不大;大坝最大坝高 51.5 m。经坝线、坝型比选后,菲古水库大坝采用了面板堆石坝坝型,表明面板坝在安全性、经济性和实用性上确实具有独特的优势;就枢纽布置和泄水方式进行进一步比选发现,与岸坡独立溢洪道相比,堆石坝采用坝身溢流可节省工程投资 1 100 万元,更具优势。这表明,与普通面板坝相比,溢流面板坝继承了面板坝优点的同时,更具有简化枢纽布置、节省工程造价等一系列优势。

　　菲古水库坝身溢流面板坝已成功下闸蓄水,运行情况良好。这表明,虽然由于坝身溢流面板坝的大坝与溢洪道相互作用,受力更复杂,技术难度更大,国内可借鉴案例和经验极少,但只要借助合适的手段,通过计算分析和研究,就可较好地揭示其内部作用机制,并在此基础上精心设计,科学施工,那么溢流面板坝的安全性是可以得到保证的。

第 7 章　结论与展望

7.1　结　论

依托云南文山州德厚河流域白牛厂汇水外排工程菲古水库坝身溢流面板坝设计项目,以菲古水库坝顶溢流面板坝设计关注的主要技术问题为导向,研究通过大量文献的收集、查阅和调研,了解、研究和总结了溢流面板坝的结构特点、风险点和技术难点;深入研究三维渗流原理和地基的流固耦合原理,并对计算程序进行改进,可对渗流与地基土的相互作用进行较好的模拟;深入研究接触算法,对罚函数接触算法提出并增加了固联失效判据,可更好地分析法向大刚度的挤压、脱开和切向的静动摩擦,更好地反映面板与垫层、溢洪道与垫层之间的滑动、挤压和分离行为,为工程的接触分析和研究提供了条件。

根据菲古水库坝身溢流面板堆石坝的工程设计,建立"面板堆石坝—溢洪道—河谷地基"三维有限元数值模型,对大坝的施工过程和主要运行工况进行数值仿真,分析了面板坝的变形及应力状态,研究了筑坝材料和填筑标准的合理性和科学性;分析了结构缝张压特性和变形量,为止水选型提供参考;分析坝身溢流结构的应力和变形特点,对坝体及坝身溢流道结构设计提出优化建议;分析坝体变形对材料参数的敏感性,为工程施工控制提供指导。对坝身溢流面板坝的受力机制、工作特性和工程措施进行研究,为菲古水库工程设计和施工提供技术支撑,同时总结了溢流面板坝的应力变形特点和结构设计要点,为后续类似坝工设计和优化提供参考和指导。

经枢纽布置和泄水方式的技术经济比选,菲古水库大坝采用了溢流面板坝方案。与岸坡独立溢洪道相比,面板堆石坝坝身溢流可简化枢纽布置,节省工程投资 1 100 万元。目前,菲古水库已成功下闸蓄水,运用情况良好,坝体和溢洪道变形观测数据与计算数据变化规律一致,总体吻合良好。这表明研究成果具有较高的可信度,也表明虽然坝身溢流面板坝的大坝与溢洪道相互作用,受力更复杂,技术难度更大,国内可借鉴案例和经验极少,但只要借助合适的手段,通过计算分析和研究,揭示其内部作用机制,并在此基础上精心设计,科学施工,那么溢流面板坝的安全性是可以得到保证的。

7.2　展　望

混凝土面板堆石坝是一种常见的适应性极好的坝型,具有安全、经济、耐久、实用的特性,对地形、地质和气候条件也有更好的适用性,近年来在世界范围内的水利工程的设计和施工中得到越来越广泛的使用。坝身溢流面板坝在面板坝上集成了溢洪道,继承了面板坝优点的同时,更具有简化枢纽布置、节省工程造价等一系列优势,但由于坝身溢流面板坝中大坝与溢洪道相互作用,受力更复杂,技术难度更大,而限制了其推广和应用。

　　国内外已建的坝身溢流面板坝运用情况良好,表明坝身溢流面板坝在技术上具有可行性,这给了我们不断探索的信心。本书对坝身溢流面板坝进行了初步计算和分析,只获得了静力情况下的应力变形特点及设计方法,后续还可结合大坝观测情况进一步研究坝体的应力和变形特性,对筑坝材料和填筑标准进行试验研究,对泄槽流激振动及对大坝的影响、施工期大坝快速沉降和中高坝坝顶溢洪道适应性等问题进行深入研究。

　　随着科技的进步和发展,试验手段和分析工具不断改进,可更好地揭示坝身溢流面板坝的工作机制,明确结构的受力情况,从而大大减少了工程设计中的不确定性因素,增强了人们对溢流面板坝的信心,为溢流面板坝设计提供了强有力的技术支持和保障。

　　另外,随着现代施工机械的发展,机械碾压已经可以将大坝堆石体碾压得非常均匀而密实,减少坝体变形量,加速施工沉降,大大缩短施工工期,为溢流面板坝的建设创造了更好的条件。

　　随着人们对溢流面板坝研究的不断积累,许多难题将被攻克,许多风险将被化解,许多技术将被运用,坝身溢流面板坝这一经济的坝工结构将得到推广,甚至有望在中高坝、大单宽流量中运用,实现巨大的经济效益和社会效益。

参 考 文 献

[1] 俞伟,唐新军,卢廷浩.溢流面板坝泄槽锚杆设计参数敏感性分析[J].人民长江,2018,49(9):61-66.

[2] 俞伟,唐新军,卢廷浩.溢流面板坝泄流脉动压强特性及其概化设计[J].人民黄河,2018,40(5):116-121.

[3] 俞伟.水流脉动压力作用下溢流面板坝泄槽模态分析[J].人民珠江,2018,39(4):41-44.

[4] 李哲群,孙大伟,徐志华,等.水布垭堆石料三轴试验数值模拟[J].人民黄河,2017,39(11):145-148.

[5] 俞伟,唐新军,卢廷浩.锚杆对溢流面板坝流激振动特性影响的研究[J].人民黄河,2017,39(9):90-94,98.

[6] 俞伟,唐新军,卢廷浩.溢流面板坝泄槽流激振动特性研究[J].水电能源科学,2017,35(8):65-69.

[7] 李卿.溢流混凝土面板堆石坝的溢流面结构型式研究[D].贵阳:贵州大学,2017.

[8] 俞伟.溢流面板坝泄槽流激振动特性研究[D].乌鲁木齐:新疆农业大学,2017.

[9] 廖海梅,赵青,鲁思远,等.面板堆石坝坝身溢洪道局部和整体稳定性分析[J].人民黄河,2015,37(5):89-92,96.

[10] 房春平.混凝土堆石坝坝身溢洪道工程的施工技术[J].中国新技术新产品,2014(8):82.

[11] G.W.胡多克,郑毅,山松.坝身溢流式溢洪道的优势再探[J].水利水电快报,2014,35(3):24-26.

[12] 廖海梅,赵青.面板堆石坝坝体溢洪道底板加固措施概述及底板稳定分析[J].人民珠江,2014,35(1):60-63.

[13] 曹骏.台阶状混凝土垫层在面板堆石坝坝顶溢洪道中的运用研究[J].水力发电,2013,39(4):37-39.

[14] 史文斌.谈面板堆石坝坝上溢流技术的应用[J].黑龙江科技信息,2013(10):293.

[15] 尹伟勋.面板堆石坝坝上溢流技术的应用[J].科技与企业,2013(4):207.

[16] 杨美娥.溢流面板堆石坝泄槽底板水平锚固体抗拔力计算[D].乌鲁木齐:新疆农业大学,2012.

[17] 廖肇达.南干口水库大坝除险加固设计方案[J].河南水利与南水北调,2011(22):27-28.

[18] 关明,胡蓉.保尔德水利枢纽布置方案与挡水建筑物设计优化[J].陕西水利,2011(5):63-64.

[19] 魏祖涛.带有多层水平加固结构的中高土石坝坝顶溢洪道泄槽底板稳定分析[D].乌鲁木齐:新疆农业大学,2011.

[20] 李宁,潘辉,李国栋.面板堆石坝坝上溢流技术的应用[J].东北水利水电,2010,28(5):6-7,71.

[21] 方珊丹.溢流面板堆石坝叠瓦式底板的内力分析[D].乌鲁木齐:新疆农业大学,2009.

[22] 张回江,徐懿.云南大城水库坝身溢流面板堆石坝、黏土均质坝碾压试验分析[J].今日科苑,2009(4):163-165.

[23] 马铁成.堆石坝坝体溢洪道底板抗滑稳定性风险分析[D].乌鲁木齐:新疆农业大学,2008.

[24] 代仲海.溢流式面板堆石坝坝体溢洪道泄流特性研究[D].西安:西安理工大学,2008.

[25] 代仲海,胡再强,李宏儒,等.溢流式面板坝坝体溢洪道水流数值研究[J].电网与水力发电进展,2008(2):73-78.

[26] 周峰,侍克斌,李玉建.堆石坝坝顶溢洪道带有地锚泄槽底板的稳定分析[J].水力发电,2007(6):32-34.

[27] 周峰.当地材料坝坝顶溢洪道带有地锚的泄槽底板的稳定分析[D].乌鲁木齐:新疆农业大学,

2007.

[28] 苏永江. 溢流式面板堆石坝应力变形仿真计算及材料参数敏感性分析[D]. 西安:西安理工大学,2007.

[29] 苏永江,路文波,胡再强. 坝面溢流式面板堆石坝有限元计算与分析[J]. 西北水力发电,2007(1):41-44.

[30] 高红民,梁谦. 红瓦屋溢流面板堆石坝设计研究[J]. 中国农村水利水电,2006(12):120-122.

[31] 俞南定. 桐柏抽水蓄能电站坝身溢洪道施工及质量控制[A]. 抽水蓄能电站工程建设文集(2006)[C]. 中国水力发电工程学会电网调峰与抽水蓄能专业委员会,2006:4.

[32] 陈晶. 溢流面板堆石坝试验研究与稳定分析[D]. 大连:大连理工大学,2006.

[33] 侍克斌,霍洪丽,白俊文. 堆石坝坝顶溢洪道带有水平阻滑板泄槽底板的稳定分析[J]. 水力发电,2005(9):23-24,80.

[34] 霍洪丽. 当地材料坝坝顶溢洪道泄槽底板的稳定分析[D]. 乌鲁木齐:新疆农业大学,2005.

[35] 庞毅. 溢流混凝土面板堆石坝的结构特性研究[D]. 乌鲁木齐:新疆农业大学,2005.

[36] 方光达. 土石坝、混凝土面板堆石坝坝身溢洪道应用情况及应注意的有关问题[J]. 水电站设计,2004(2):7-10.

[37] 王建筑. 榆树沟水库溢流混凝土面板坝坝体溢洪道施工技术研究[A]. 2004水力发电国际研讨会论文集(上册)[C]. 中国长江三峡工程开发总公司、湖北清江水电开发有限责任公司、中国水力发电工程学会、中国水利学会:中国水力发电工程学会,2004:7.

[38] 拉德曼(Radman Ali). 溢流混凝土面板堆石坝结构设计研究[D]. 南京:河海大学,2002.

[39] Radman Ali Murshed. 也门采用溢流面板堆石坝的可行性[J]. 河海大学学报(自然科学版),2002(1):113-118.

[40] 谢成荣,王传智,梁军. 溢流式混凝土面板堆石坝的设计特点[J]. 四川水利,2001(3):8-12,16.

[41] 凤炜. 榆树沟溢流混凝土面板堆石坝设计与施工[J]. 水利规划设计,2001(1):56-61.

[42] 何光同. 面板坝溢流技术探讨[A]. 混凝土面板堆石坝国际研讨会论文集[C]. 20届国际大坝会议组织委员会,中国水力发电工程学会,中国水利学会,中国大坝委员会:中国水利学会中国水力发电工程学会中国大坝委员会,2000:7.

[43] 何光同. 混凝土面板堆石坝坝身溢流技术探讨[J]. 水利水电科技进展,2000(3):38-40,70.

[44] 格伦. 麦克丹纳尔德,龚玉锋. 美国蒙大拿州唐河坝坝身溢流非常溢洪道[J]. 水利水电快报,1999(13):5-7.

[45] 胡去劣,俞波. 面板坝坝面溢流试验研究[J]. 水利水运科学研究,1996(4):309-317.

[46] 黄建和. 克罗蒂大坝溢洪道的设计与监测(续)[J]. 水利水电快报,1995(19):13-17.

[47] 黄建和. 克罗蒂大坝溢洪道的设计与监测[J]. 水利水电快报,1995(18):15-17.